CHÂTEAU

HAUT-BRION
LAFITE ROTHSCHILD
LATOUR
MARGAUX
MOUTON ROTHSCHILD

Élixirs:

Premiers grands crus classés 1855

楚尘
文化
Chu Chen

北京楚尘文化传媒有限公司 出品

佳酿

波尔多五大酒庄传奇

[英] 简·安森 Jane Anson 著

[法] 伊莎贝尔·罗森鲍姆 Isabelle Rozenbaum 摄影

袁俊生 译

中信出版集团·北京

OUTEILLE AU CHÂTEAU
AU MARGAUX
GRAND VIN
1988
GRAND CRU CLASSÉ
MARGAUX
ATION MARGAUX CONTRÔLÉE
ARGAUX PROPRIÉTAIRE A MARGAUX - FRANCE

1985
bordelaises

目录

序

讲述 1855 年波尔多葡萄酒列级的浪漫故事以及一级酒庄概念的问世过程，这就是简·安森这部著作的主题，捧卷读来，此书着实让人入迷。随着阅读的深入，这个列级体制的正面作用越来越清晰地展现在我眼前：波尔多的一级酒庄最初只有四家，后来扩展到五家，当然还有第六家，即索泰尔纳的伊甘庄园，这几家庄园不但对顶级佳酿的概念产生巨大影响，而且一直在弘扬这一概念，甚至完全超越了酒商的最初设想。这五家酒庄酿造的葡萄酒被视为顶级佳酿，这种看法跨越了时间和空间，一直以各种方式激励着高档葡萄酒业，推动这一神奇酒业世界向前发展。我相信世界各地的葡萄酒酿造者内心都梦想着能赶上，甚至去超越“全世界最佳酒庄”，为此他们一直在设法去接受这一挑战，而这个挑战也正是他们为自己设定的目标，就像一位作曲家在谱曲的时候，内心总想着贝多芬一样；或者像一位设计师在构思创意时，脑中会闪过一个念头，总有一天，哪里又会出现一个达·芬奇一样。几家一级酒庄给人一个要企及的目标，一个要去超越的动力，一个要去创造奇迹的动机。

在我看来，波尔多的传奇很早就拉开了帷幕，它始自一位 14 岁的美丽少女，在中世纪时，她将整个阿基坦地区作为遗产继承下来。她既是国王的妻子，也是国王的母亲（她的儿子狮心王查理就死在她怀里），她活到 90 岁仙逝，生前一直用自己的性情去浸润这一方富饶美丽的地区。但随后发生的故事却是既恐怖又精彩：有被斩首的，有婚嫁联姻的，有不顾廉耻的女婿，有家族的对抗，也有或虔诚、或淫荡的品性操守，当然还有金钱的魔力，斗转星移，日月如梭，时光最终来到了 1855 年的这一天，波尔多葡萄酒产区的列级体系终于创建起来，此举初衷是为了确定价格，以便于葡萄酒交易。

一级酒庄是如何诞生的，庄园的产权如何在家族内传承，葡萄酒批发商以及经纪人——当然还有他们的家族——如何发挥作用，所有这一切构成一个个引人入胜的故事，对于爱好葡萄酒的人来说，这无异于一个取之不尽的教诲源泉。葡萄酒爱好者都知道顶级佳酿就是一个奇迹，只有将几种屈指可数的因素结合在一起，这个奇迹才有可能出现。通过阅读本书我们获知，要想成为一级酒庄，第一个条件就是要有特殊的、永恒的风土条件：在全球最负盛名的葡萄产区里，有最适合葡萄生长的土壤，还要配上最适宜的气候条件。庄园所酿造的葡萄酒至少在 50 年，甚至在 100 年内被公众认为是酒中精粹——这是第二个条件。第三个条件就和庄园主人有关，庄园主不但要随时去做不可能完成的事情，以达到精益求精的目标，而且还要有巨大的财力及政治影响力做后盾。要想满足第四个条件，那么工艺总监、酿酒技师以及种植园艺师就应共同携手，把自己的全部心血都奉献给这项事业，去酿造出顶级佳酿。那么第五个条件是什么呢？就是将前四个条件融汇在一起，构成一个美妙的故事，一个文化遗产，消费者在喝下每一口佳酿的时候，都会惬意地咂摸酒中所蕴含的深刻韵味。

此书还告诉我这样一个事实：不管是谁，只要酷爱名酒佳酿，早晚有一天会把注意力转向波尔多的葡萄酒，转向波尔多一级酒庄的葡萄酒，假如有人恰好也是葡萄酒酿造者，那他肯定期望着能在将来赶上这几家一级酒庄。

弗朗西斯 · 福特 · 科波拉 [1]
Francis Ford Coppola

[1] 弗朗西斯 · 福特 · 科波拉（1939— ）：美国著名导演，出生于美国底特律一个意大利移民家庭，科波拉家族是美国艺术世家、电影世家。他多次获世界级电影大奖。著名作品有《教父》三部曲、《现代启示录》、《惊情四百年》等。1975 年，他用拍摄《教父》所赚的钱买下了美国加州纳帕谷的伊哥路（Inglenook）庄园。——译者注（下同）

Vins rouges classés du Depart de la Giron[de]

VI·313·82

Crûs	Communes	Propriétaires

Premiers crûs

Crûs	Communes	Propriétaires
Chateau Lafite	Pauillac	
Chateau Margaux	M[argaux]	
Chateau Latour	Pauil[lac]	
Haut Brion (point)	Pessac (	

Seconds C[rûs]

Crûs	Communes	Propriétaires
Mouton	Pauillac	B^on^ [de] Rothschild (
Rauzan (point) Ségla	Margaux	Comtesse de Castelpers
Rauzan Gassies	Margaux	Viguerie
Léoville	St Julien	Marquis de las Cazes Baron de Poyféré Barton
Vivens Durfort	Margaux	de Puységur
Gruau Larose (point)	St Julien	de Bettman Baron Sarget de Boisgerand
	Mar[gaux]	Mademoiselle Hue

MIS EN BOUTEILLES AU CHÂTEAU
CHATEAU LAFITE-RO[THSCHILD]
1961
APPELLATION PAUILL[AC]
DÉPOSÉ

ÉLIXIRS

PREMIERS GRANDS CRUS CLASSÉS 1855

楔子

一级庄
由四家扩展到五家……

1973年6月

最终，这次会议远不如预计的那么长。短短30分钟，会议就批准了最后的决定。会议在波尔多工商会的顶楼上举行，坐落在交易所广场的工商会大楼是18世纪波尔多城最漂亮、最豪华的建筑之一。

这座雄伟的建筑出自才华横溢的建筑师安热-雅克·加布里埃尔之手，要知道加布里埃尔可是法王路易十五最喜爱的建筑师，对称的结构以及华丽的外表是这座建筑物的最大特点。不过，那天参加会议的五个人只是在顶楼的蓝厅里碰面，外窗正对着交易所广场和加龙河畔，河畔显得有些破败。

会议由工商会副会长路易·内布主持，会议的议题只有一项：是否同意让木桐-罗斯柴尔德庄园晋级一级酒庄行列。一旦同意赋予木桐庄园这样的地位，它将成为波尔多第五家一级庄，此前有四家庄园在1855年被列级为一级庄，他们形成了一个相对封闭的俱乐部。也就是在1855年那一年，堪萨斯州颁布了一项法律，对任何质疑奴隶制的人判处两年监禁；还是在那一年，弗洛伦斯·南丁格尔奔赴前线，照料在克里米亚战争中受伤的伤员。

一个世纪过后，列级酒庄的名次已成为众多酒商、收藏家及爱好者衡量葡萄酒品质的基准和标杆，并在葡萄酒业发挥着决定性的影响作用。如果会议最终能决定将这一荣誉赋予木桐庄园，那么木桐庄的葡萄酒将被认定是全法国口味最好、评价最优，也是价格最贵的佳酿之一。

除了内布之外，参加会议的有波尔多酒商协会主席雷蒙·勒索瓦热，以及其他三位酒商协会的成员：安德烈·巴拉雷克、阿兰·布朗希和达尼埃尔·劳顿。这几个人已在葡萄酒行业一起奋斗了很多年，只有内布和他们不一样，内布早年毕业于巴黎综合工科学校，曾在马来西亚一家水电站工作，后来到埃尔夫阿基坦公司波尔多分公司任职，他很有文学修养，对人却极为严厉。内布使出浑身解数，以维持波尔多工商会正常运转，不过葡萄酒业暗流涌动，明争暗斗愈演愈烈，随时有可能让工商会这艘巨轮瞬间倾覆。

就决定提升木桐庄园一事已召开过一系列会议，实质性的讨论始于 1972 年 10 月。在巴黎，农业部一位部级官员对种种游说活动以及图谋私利的局面感到极为厌烦，便将决定权交给波尔多工商会。农业部负责酿酒业的皮埃尔·佩罗马甚至说："那真是一篮子螃蟹。况且是波尔多工商会把这事搞得一团糟，现在就让工商会自己去应付吧。"佩罗马说得一点都不错。1855 年的列级文件将木桐庄园列为二级庄，所有文件就是在工商会这座大楼里签署的。更巧的是，达尼埃尔·劳顿的曾祖父让·爱德华当时亲自参与酒庄列级的评选，菲利普·德·罗斯柴尔德男爵当然不会忽略这个讽刺性的细节，作为木桐庄园的主人，为避开重重压力，他带着妻子波利娜跑到那不勒斯海边的伊斯基亚岛上泡温泉，去躲清闲。

其实早在 1922 年，年仅 20 岁的菲利普男爵刚接手木桐庄园时，就明确表示，他认为木桐庄的酒质可以同任何一家一级庄的相媲美，从那以后他就一直在为木桐庄园造声势。此时此刻，评审委员会正在为这场造势运动画上句号。

不过，他掀起的造势运动有时也威胁到波尔多上流社会，甚至可能会破坏上流社会那典雅的形象。毫无疑问，在工商会大楼里开会的这五个人深知自己责任重大，审议涉及各方的利害关系。尽管如此，评审委员会一致同意让木桐庄晋级，而且晋级决定很快就签字盖章了。几天后，即1973年6月21日，时任农业部长的雅克·希拉克批准了这项决定，并颁布法令，确认木桐庄晋级一级酒庄。

“最后的决定没有碰到任何麻烦。”达尼埃尔·劳顿后来回忆道，他虽然已经80多岁了，但依然精神矍铄，还在从事酒商的老本行，他也是评审委员会五人当中唯一健在的。“其实晋级决定批准之前的那些年头才是最难的。不过，菲利普男爵还是坚持了下来。这项决定他受之无愧，况且他的葡萄酒也绝对够得上顶级水平。”

在塔斯特-劳顿公司里，蒙贝尔伯爵是达尼埃尔·劳顿忠诚的合伙人，1973年6月27日，他在日记里简短地写道：“天气晴。木桐刚刚晋升为一级酒庄。”

引言

一级酒庄的必备条件

进入 9 月份之后，不管天气是凉还是热，波尔多城总是呈现出一派热气腾腾的景象，这种局面颇像美国总统选举年的华盛顿，或时装周前的米兰城，波尔多城似乎也意识到，整个地区的财政状况是否稳定，就取决于未来几天的走势。

假期过后，整座城市一下子变得热闹起来，这与 8 月份形成鲜明的反差，从而让波尔多显得更加富有活力和生气。在 8 月份暑假期间，像其他法国城市一样，波尔多城给人的感觉是仿佛整座城市与世隔绝似的。就在 9 月份给这座城市带来一些活力的同时，所有人的眼睛都紧盯着天空。9 月份如果都是好天气的话，各个庄园就可以随意决定收获葡萄的时间，去酿造 7 亿多瓶波尔多葡萄酒。不过要是赶上阴雨连绵，或遇上电闪雷鸣、冰雹倾泻的恶劣天气，那就要动员全部力量，像打仗似的，把从灾害中抢救出的葡萄全部纳入酒窖。

尽管如此，波尔多的庄园在创建初期并非都处于同等水平，庄园之间的差别在收获季节最为明显。在这一地区，葡萄产地形成一座金字塔，或者准确地说，犹如一座山峰，广阔而牢固的山脚支撑着像蜘蛛网那样轻薄的顶峰。这个牢固的根基由 6000 家庄园组成，另外还有 2000 家葡萄酒厂为大卖场提供日常餐酒。进入 9 月份之后，这类葡萄产地几乎采用相同的模式，将葡萄采摘机开进葡萄园里，采摘完一个品种，再去采摘另一个品种，直到把

左页：埃里克·德·罗斯柴尔德男爵。
右图：卢森堡大公国的罗伯特王子
在侯伯王庄的图书室里。

MARGAUX
GRAND VIN
1988
GRAND CRU CLASSE
CHATEAU HAUT BRION
1990
GRAND VIN
DE
1982

葡萄园里的果实全部采摘完毕。葡萄采摘机跨区作业已成为常见的模式，这样可以节省开支，但最重要的还是能在极短的时间内把葡萄采摘完。

越是靠近金字塔尖，葡萄产地就越显得高雅，采摘葡萄的方法也更加复杂。

在这些葡萄产地，气象站就设在一畦畦葡萄树丛当中，各个实验室全力以赴安排各种测试，以检测土壤的酸度和氢离子浓度指数（pH 值），葡萄种植者一畦畦地、有时甚至一棵棵地整理葡萄树，好让葡萄长得粒大饱满。在当今世界上，只有在波尔多等少数几个地区，最好的庄园还依然保留着人工采摘葡萄的传统。每年快到 8 月底的时候，波尔多城周边地区就会冒出许多旅行房车以及露营的帐篷，来自欧洲各地的葡萄采摘季工纷纷涌向波尔多。

规模较小的葡萄产地在 9 月份里最多要雇上四五名季工，因为人手不够，大家实在忙不过来。而规模大的葡萄产地会翻着倍地雇用季工，名气最大的产地最多能雇上 600 位季工，季工的工作就是采摘葡萄，这些葡萄将用来酿造当年最受追捧，也是价格最贵的葡萄酒。临时工被招募来之后，只要填好表格和文件，就可以开始工作了，一切会进展得很快。接收葡萄的区域要精心准备好，而且还要把大桶、酿酒桶、筛选操作台、抽浆泵都准备好，并清洗干净，即可随时投入使用。葡萄产地将膳食包给快餐经营者，让采摘工人吃得饱、吃得好，以确保葡萄采摘得既快又好。他们还要先后给气象预报专家、葡萄酿酒专家、其他庄园的老板以及经纪人打电话，甚至登门拜访，把专家们请到葡萄产地做现场指导。他们每天都要在葡萄园里花上几个小时去品尝葡萄，不厌其烦地检验葡萄的成熟状况，期待着能在最佳时刻去采摘葡萄。

以最快速度采摘葡萄

9 月份里，最受季工们追捧的雇主就是列级酒庄的葡萄产地，各列级酒庄大约有 160 块葡萄产地分布在波尔多左岸和右岸。在波尔多葡萄种植区那漫长曲折的历

页 22 ~ 23：在木桐-罗斯柴尔德酒窖里，工人正在滚动橡木酒桶。

DOMAINES
LAFITE
BARONS DE ROTHSCHILD

史演变过程中，这些葡萄产地已发展成出类拔萃的精品产地。1855 年列级一级的酒庄就是这座金字塔的塔尖，塔尖高高耸立，直刺云天，高得让塔基底部的庄园几乎看不到。五家一级酒庄都坐落在左岸，生产红葡萄酒，几百年来一直在波尔多占主导地位，甚至成为波尔多城的象征。

这五家庄园的葡萄种植面积仅有区区 425 公顷，与波尔多地区 11.4 万公顷的葡萄种植总面积相比，可谓微不足道。尽管如此，您只需要在波尔多待上很短一段时间，就能感受到它们在波尔多的影响有多大：它们发挥着引导者的作用；决定价格走势，其他酒庄将参照这个价格来决定自己的价格；在葡萄酒酿造业中占据核心地位，日益繁荣的葡萄酒酿造业正是步它们的后尘而发展起来的；在海外它们就代表着波尔多城。此外，波尔多还有其他四家庄园也享有很高的声望，并坐享一级庄的地位，这四家庄园是：以索泰尔纳甜烧酒闻名于世的伊甘庄园（1855 年列级为“特等一级庄”）、柏图斯庄园、白马庄园以及欧颂庄园，这后三家庄园都坐落在右岸。尽管如此，正是五家 1855 年列级一级的酒庄将这一地区打造成著名的红葡萄酒产区，并在五百年当中带动了波尔多经济的发展，这五家庄园不但积极致力于本地区的发展，而且自身也尝到了发展的甜头。

如果您喜欢旅游，不妨走马观花看一下这五家庄园，慢慢开车，从远处望上一眼，大概只需要一个多小时。两座最靠北边的庄园相互毗邻，在某些地段，两家的葡萄园也紧挨在一起，这就是拉菲－罗斯柴尔德庄园和木桐－罗斯柴尔德庄园。两个庄园坐落在波亚克地区的梅多克镇，过去这个地方是吉伦特河的港湾，曾是繁忙的贸易口岸，距离波尔多市中心 42 公里，从庄园通往波尔多城的道路狭窄，但景色十分美丽。

木桐庄园是自从 1855 年列级以来唯一没有换过主人的一级庄（虽然那时它并未列级一级庄），木桐庄对此感到极为骄傲，当然它也有值得骄傲的资本，因为在等待了将近 120 年之后，它终于在 1973 年晋级为一级庄，因此它也是目前五家一级庄当中唯一没有换过主人的名庄。

紧挨着木桐庄的就是拉菲－罗斯柴尔德庄园，庄园的主人是梅耶·罗斯柴尔德家族支系的后裔，是木桐庄主人的堂兄弟，他们在金融和商业领域赚了很多钱，却给外人一种矜持、平和、稳重的感觉。庄园城堡的外观朴实无华，却透出十分典雅的风貌，一条长长的小径从城堡处向外延伸，穿越片片葡萄园，而四周的葡萄园又烘托出城堡的附属建筑及箭塔，让整座城堡显露出一种平淡的美。在其中一座箭塔的顶端竖立着拉菲庄的标志，上面画着五支呈放射状的箭，代表罗斯柴尔德家族的五个支系。

从这里向南走将近两公里路，就来到波亚克镇和圣朱利安镇的接壤处，但此地依然属波亚克镇管辖。拉图城堡的入口处是五座庄园里最隐蔽的，沿着城堡之道向前，经过碧尚女伯爵庄和碧尚男爵庄那雄伟气派的大门之后，才进入拉图城堡的地域，拉图城堡避开城堡之道，从外面只能看到一个门岗，保安人员日夜值守，门岗四周都是石砌围墙，围墙里面就是庄园最珍贵的葡萄园。城堡离公路有一段距离，那座出名的圆塔正从 10 米高的地方俯瞰塔下的庄园。

从这儿一直向南走，朝波尔多城方向走 20 公里，您从远处能隐约看见新古典派风格的玛歌城堡，看到城堡那影影绰绰的轮廓，这里是最著名的葡萄产地，玛歌也就成为葡萄酒产地的名称。

您沿着城堡之道继续向南走，道路突然变得很宽，并与城市西部郊区的条条道路汇合在一起，这里就是侯伯王城堡的所在地，也是您走马观花浏览一级名庄城堡的终点。侯伯王是唯一一座不在梅多克地区的一级庄，它用的产地名称为佩萨克-雷奥良。这座葡萄庄园已成为波尔多城的绿肺。[1]

无愧于自己的声望

2010 年 7 月和 8 月天气十分炎热，几乎每天都阳光明媚，假期已经过去了，但 9 月份依然显得十分平静，人们感觉这是近几年来最为平静的假后复工月。大部分庄园已安排好采摘葡萄的计划。对于所有负责管理一级名庄的人来说，9 月份会让他们感到兴奋，因为这正是让一级庄发挥影响力的最佳时机。这些庄园管理者都是经理人，而非庄园的主人，他们是玛歌庄园的保罗 · 蓬塔列、拉图庄园的弗雷德里克·昂热雷、拉菲庄园的夏尔·舍瓦利耶、侯伯王庄园的让-菲利普 · 戴尔马以及木桐庄园的埃尔韦 · 贝朗。

这些总经理的工作就是在公众面前代表庄园，不管在什么场合下，都应维护

[1] 侯伯王庄园：又称红颜容庄园或奥比昂庄园。

自家产的葡萄酒那至高无上的奢华、高雅的形象，而奢华和高雅正是高档酿酒业的最佳表现形式。在全年当中，他们还要接待客户，到世界各地去走访，制定战略决策，主导向市场投放葡萄酒，这种做法可以上溯到中世纪。不过每年一进入9月份，季节似乎就在提醒他们要去履行自己的职责：把当今世界最好的葡萄酒推介给公众。他们的老板个个都很挑剔，激励他们更好地去履行总经理的职责。拉菲和木桐隶属于罗斯柴尔德家族两个不同的支系，几百年来，在欧洲权势的核心阶层，总能看到罗斯柴尔德这个名字，从一个个政治王朝到一桩桩历史事件，从拿破仑发动的一场场战争再到苏伊士运河的开凿，罗斯柴尔德家族为这一切提供了充足的资金。拉图庄隶属于弗朗索瓦·皮诺，这位亿万富翁是PPR集团（前皮诺-春天-乐都特）首席执行官，集团旗下拥有众多著名奢侈品品牌，如古驰、圣洛朗等，还拥有佳士得拍卖行和威尼斯格拉西宫。玛歌城堡的主人是科琳娜·门采尔普洛斯，她是希腊商业巨头安德烈·门采尔普洛斯的女儿，科琳娜早年毕业于巴黎政治学院，是目前法国最富有的女性之一。侯伯王城堡里住着欧洲王室成员、卢森堡大公国的罗伯特王子，他是卢森堡大公的堂兄弟，担任侯伯王庄的董事长。他还是美国金融家克拉伦斯·狄伦的曾外孙，狄伦于1935年收购了侯伯王庄园。

尽管从外表上看，各庄园依然保持着传统，没有任何变化，但无论对于庄园主人而言，还是在酒庄管理者看来，管理庄园无异于领导真正的跨国集团。各庄园的酿造能力也不一样，侯伯王庄每年生产20万瓶葡萄酒，而拉菲庄则酿造40万瓶，其中包括正牌酒、副牌酒，甚至往往包括三标酒。他们既要向市场投放葡萄酒期酒（每年都推出最近酿造的葡萄酒期酒，这些酒带有酿造年份标志，往往在灌入酒瓶之前两年销售），也要推销酿造年份久远的陈酒，陈酒的销量难以预料，但相对还是稳定的。规模最小的一级庄年销售额很少会低于3.5亿欧元，而规模最大的一级庄在好的年份里销售额可达10亿欧元。

每位总经理负责为葡萄酒期酒制定价格，价格自然要和庄园主人一起商量决定。这个价格不但会影响庄园的收入，而且还会在世界名酒市场上引起反响。此外，总经理还要在酒庄内部管理许多团队；在各个环节监督庄园与波尔多酿酒业的沟通、

交流；照管好城堡，因为城堡不仅仅是名胜古迹，而且还是经营酒业的场所；想方设法去满足来自150个国家的客商的不同需求。要评价哪些人够得上经营管理方面的一流人物，则非庄园总经理莫属，无论什么事情，总经理都要事必躬亲。

管理一家一级酒庄

乍一看，这五位总经理并没有什么共同之处，或许只有裁剪合体的西装或西服衬里所缝的品牌标志有些相似。但除此之外，人们很难一下子把他们辨认出来，而他们正是葡萄酒业里最封闭的俱乐部的成员。

他们的简历并未透露出任何更详细的信息。每一座庄园的文化和运作方式也完全不同。如何成为一级酒庄的经理人，这里没有任何既定路线可以遵循。五位经理人当中最年轻的是让-菲利普·戴尔马（43岁），2004年，他接替父亲当上了侯伯王庄的总经理，而他父亲又是从他祖父那儿接替了相同的职位，他祖父最早担任这一职务的时间可以追溯到1923年。他父亲让-贝尔纳·戴尔马就是在庄园的地界上、在波尔多的西北郊区出生的，而他本人就出生在距侯伯王城堡外栅栏百米之遥的一所医院里。保罗·蓬塔列父母家也有葡萄园，他在那里度过了大部分青少年时光，在大学里又专攻农业技术，后来钻研葡萄酒工艺，并获得了葡萄酒酿造学博士学位，1983年，27岁的他正式加入玛歌庄园，此前他曾在玛歌庄园做过短工。在木桐庄和拉菲庄，尽管两家庄园分别由一个经理团队来管理，但在面对公众时，埃尔韦·贝朗和夏尔·舍瓦利耶往往出面代表庄园。贝朗是波尔多本地人，舍瓦利耶出生在南方靠近蒙彼利埃的一个葡萄种植家庭里。两个人都是50来岁，为罗斯柴尔德家族的这两个庄园工作了30年。

拉图庄园则和这几家一级庄不尽相同。总经理弗雷德里克·昂热雷是从巴黎来到波尔多的。他早年毕业于巴黎高等商学院，毕业后一直为企业做咨询工作，

页28～29：侯伯王庄城堡。
左页：列级一级庄总经理合影。前排从左至右：保罗·蓬塔列、弗雷德里克·昂热雷，后排从左至右：夏尔·舍瓦利耶、埃尔韦·贝朗、让-菲利普·戴尔马。

1994 年被拉图庄园聘为总经理。他对自己的工作全力以赴、兢兢业业。与另外四位总经理略有不同，昂热雷也许是第一个承认自己无论是吃饭，还是睡觉，都绝不迈出庄园半步的总经理，每天呼吸着庄园的空气，每到葡萄采摘季节，他几乎从不离开自己的岗位。

无论他们有多大差别，这几位经理人都非常清楚自己的职责：他们代表着与每一座庄园有着千丝万缕联系的历史、乡土和价值。“能够为这些顶级地产产品服务真是一种荣幸，”埃尔韦·贝朗说道，“不单单因为它们凝聚着辉煌的成就和丰富的遗产，而且还因为它们能让我们把自身最好的东西展现出来。为一级名庄工作，首先就是要酿造出世界上最好的葡萄酒。确保这些葡萄酒的品质每一年都很稳定，每一瓶葡萄酒都是上等的佳酿，因为上等佳酿可不是单凭最好年份酿出的几桶之量的好酒。这要求我们务必时时刻刻都要小心翼翼，要极为稳重、谨慎，容不得一丝一毫的差错。”十多年前，在纽约举办的一次品酒会上，有人要让-贝尔纳·戴尔马（从 1961 年至 2003 年任侯伯王庄总经理）分析一下一级葡萄酒的精髓，并为这精髓作出定义。

于是他撰写了一篇文章，标题为《什么是名酒佳酿？》。这篇文章内容翔实、思路清晰，对各个问题都解释得很到位，而且每个主题都用图表和插图来做详细解

梅多克地区地貌

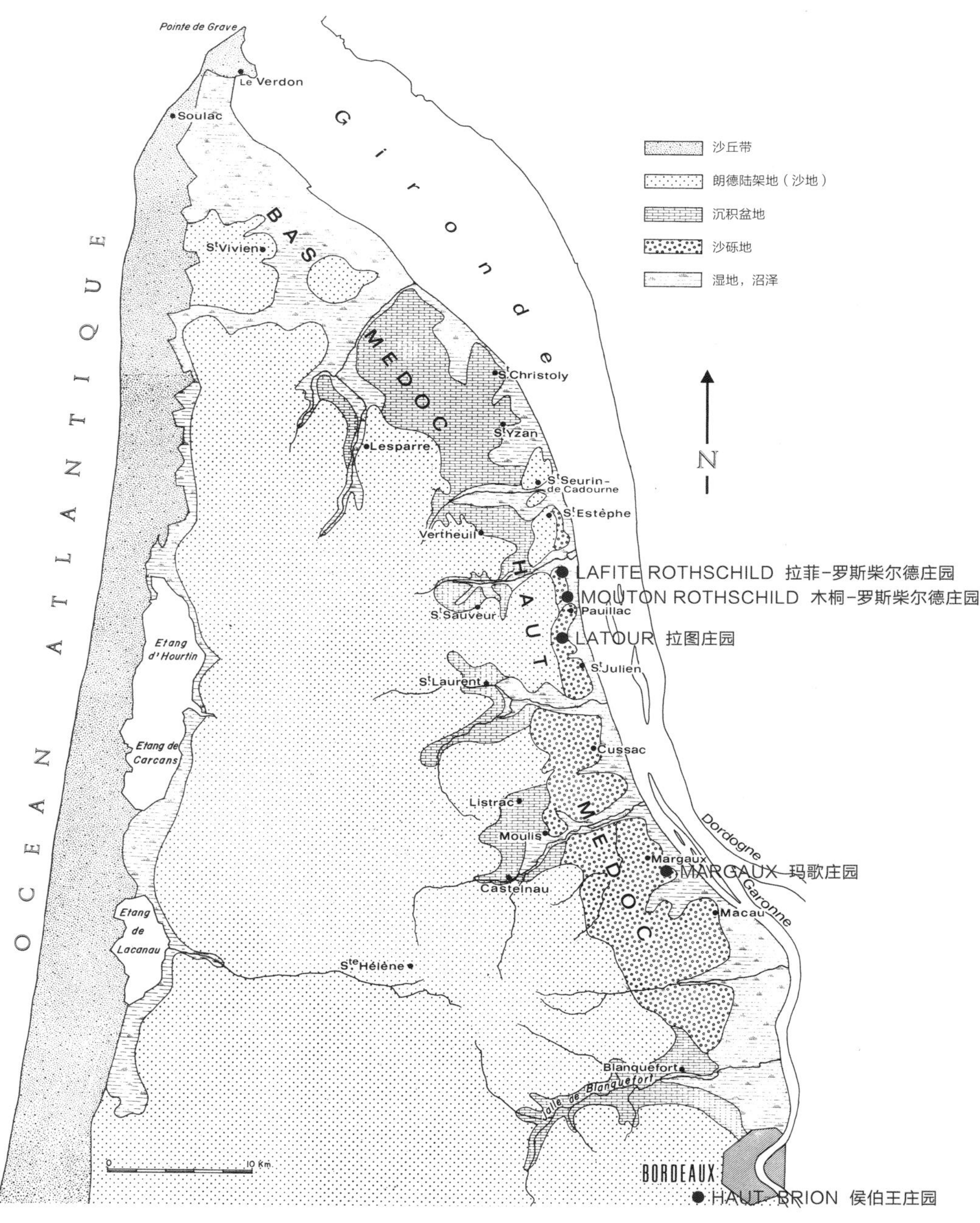

梅多克地貌图，摘自让-保罗·加代尔的著作《梅多克：它的活力与业绩》。

BAS MEDOC	下梅多克	Margaux	玛歌
Blanquefort	布朗克福	Moulis	穆里斯
BORDEAUX	波尔多	OCEAN ATLANTIQUE	大西洋
Castelnau	卡斯特勒诺	Pauillac	波亚克
Cussac	居萨克	Pointe de Grave	格拉芙岬角
Dordogne	多尔多涅河	Soulac	苏拉克
Etang de Carcans	驽马池塘	Ste Hélène	圣伊莲娜
Etang d'Hourtin	乌尔丹池塘	St Christoly	圣克里斯托利
Etang de Lacanau	拉卡诺池塘	St Estèphe	圣埃斯泰夫
Garonne	加龙河	St Julien	圣朱利安
Gironde	吉伦特河	St Laurent	圣洛朗
HAUT MEDOC	上梅多克	St Sauveur	圣索弗尔
Jalle de Blanquefort	布朗克福排水渠	St Seurin de Cadourne	圣瑟林·德卡杜讷
Lesparre	莱斯帕尔	St Vivien	圣维文
Le Verdon	勒威尔登	St Yzan	圣伊赞
Listrac	里斯特拉克	Vertheuil	韦尔特伊
Macau	玛寇		

释。“名酒佳酿的定义取决于多种因素，既有自然因素，也有人为因素，要作定义的话，就需要将这些因素汇集在一起。首要因素是那里的地质条件是世界上所独有的，而且至今令人难以破解。近 300 年以来的经验证明，一款波尔多葡萄佳酿需要多种必要的元素：葡萄树要种在圆形小山丘的缓坡上；土壤要深，便于葡萄树扎根；土壤的构成要有粗沙砾和细沙砾；土壤底部排水要通畅。”后来他补充说，除此之外，庄园的主人也非常重要，还有几百年来逐步积累的诀窍，将科学知识运用于葡萄种植以及桶装酒窖的建设。他还讲述了各种现象，讲解如何选择葡萄苗木，如何在葡萄酒装瓶之前过滤葡萄汁等技法，解释得极为详尽，富有条理。“名酒佳酿绝不是偶然形成的。”他写道。

尽管如此，如果将这些条件和手法应用于其他出产葡萄酒的地区，甚至应用于与一级庄相邻地界的同一地区，人们还是无法复制出这种将风土条件、丰富历史和谋略完美地结合在一起的庄园，正是这些因素造就出五大名庄，并将它们打造成全球知名的葡萄酒产区，从而形成一个世界级水准的名酒产业。那么这其中究竟有什么奥妙呢？这正是本书希望能回答的问题。

页 36 ~ 37：木桐-罗斯柴尔德城堡。

LES ORIGINES

1

追本溯源

单就价格而言，一级酒庄的佳酿几乎和商务旅行、豪华盛宴以及量身定做的西装相媲美，但有时人们会忘记这样的事实：一级酒庄能有今天的成就，是靠几百年锲而不舍的努力，靠不漏过任何细节的关注力才得以实现的，从而造就出一大批忠实的顾客，名酒佳酿绝对配得上这样的高价，整个过程虽然缓慢，但却是一步一个脚印地走过来的。

“一级酒庄”（Premier Grand Cru）这个词使人联想起这样一个事实，此词源于动词“成长发育”（croître）的过去分词，不过它也让人想起久远的历史，一级酒庄的历史是波尔多葡萄种植区里最悠久的。五大名庄当中的每一家都能证明，人们早在 15 世纪，甚至在更久远的年代就开始种植葡萄了。

一级酒庄是最早同葡萄种植园结合在一起的城堡，他们致力于开发葡萄酒的特征，并为自己的葡萄酒起一个特殊的名字。在此之前，所有输往国外的葡萄酒都叫波尔多酒，再不然顶多叫格拉芙酒或梅多克酒。在 20 世纪里，波尔多的许多庄园都已成为名庄，不过一级酒庄之所以享有一种特殊的地位，那是因为它们的高品质经受住长时间的检验，而更为重要的是，一级酒庄一直由强大的、富有影响力的家族管理，从而确保酒庄的繁荣，即便遭遇革命、战争以及经济危机，他们也能顺利渡过难关。

法兰西民族的瑰宝

五大一级名庄的历史既悠久，又曲折复杂，还相互纠缠在一起。不过要是选择一个起点的话，或许应该从侯伯王庄入手，尤其因为还有阿兰 · 皮吉尼耶这样一个帮手。皮吉尼耶在侯伯王庄里负责搜集各种史料，保管珍贵的档案资料，这是一项需要细心和耐心的工作，他已经在这个职位上做了将近 25 年。

照管这些珍贵文件是一项需要全身心投入的工作。1855 年列级为一级庄的庄园主人们当然知道，他们的庄园是法国丰富历史遗产中的瑰宝，因此需要精心地保

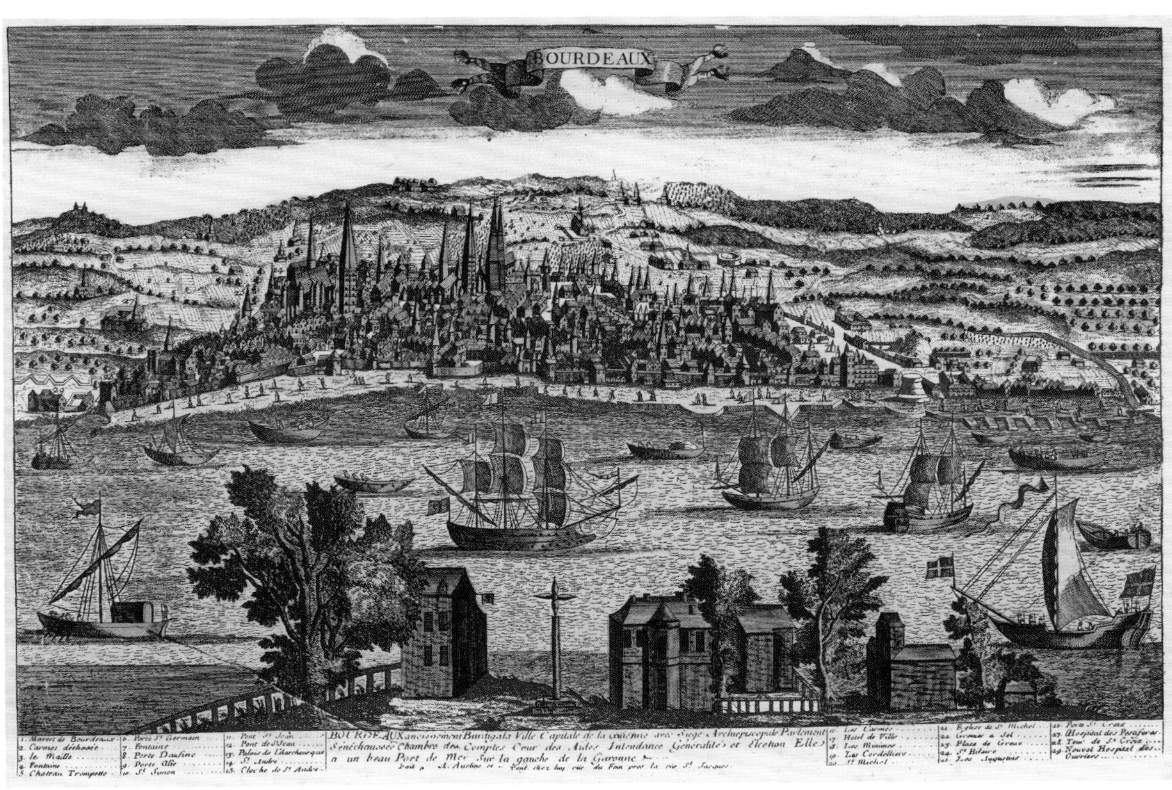
BOURDEAUX
Sénéchaussée Chambre des Comptes Cour des Aides Intendance Généralité et Election Elle
a un beau Port de Mer sur la gauche de la Garonne
2. Carmes déchaussé
5. Chateau Trompette
6. Porte St Germain
7. Fontaine
8. Porte Dauphine
10. St Simon
12. Pont de St Jean
14. St André
17. Hotel de Ville
19. Les Cordelliers
20. St Michel
23. Place de Greue
24. St Hilaire
29. Nouvel Hospital des Ouvriers

17 世纪的波尔多港。

CHATEAU HAUT-BRIO

护好庄园的历史。然而，并非每座庄园的历史资料都处在相同的状态，比如木桐–罗斯柴尔德庄园的资料残缺不全，有些珍贵的资料在第二次世界大战期间毁于战火，或彻底遗失了；而紧挨着木桐庄的拉菲庄园则保留着相当完整的资料，那是因为在 2001 年，罗斯柴尔德家族在英国的支系特意派人来到波尔多，正是在沃德斯登庄园的帮助下，拉菲庄园才把布满灰尘的文件整理好。

玛歌庄园的档案资料保管得非常好，所有的文件都装在盒子里，整齐地摆放在图书室的书架上，图书室典雅漂亮，窗外就是城堡后侧的大花园。在这些档案资料当中还能看到封建王朝时期的文件，也算是波尔多最古老的史料之一吧。遗憾的是在 20 世纪 60 年代，一场火灾烧毁了部分古籍史料。要说起来，就数拉图庄园和侯伯王庄园的资料最完整，它们的档案室里保存着 14 世纪和 15 世纪的史料，档案室安装着空调，保持恒温、恒湿。皮吉尼耶让这些历史资料充分显现了价值，他对自己所发挥的作用感到非常自豪。

左页：侯伯王庄城堡。
页 44：在侯伯王庄城堡里工作的工人。

“这五家一级名庄里，正是侯伯王庄奠定了名望和后来成功的基础，这一点是毫无疑问的。”阿兰·皮吉尼耶说道。他在蒙田大学拿到中世纪史硕士学位之后，就加入了侯伯王庄团队，此后一直没有离开过。

早期的葡萄园

和其他一级名庄相比，侯伯王庄总是有点特别。它是唯一不在梅多克葡萄产区里的名庄，此外还有一些微小的差别，比如选用的葡萄品种（更多采用梅洛葡萄），决定采摘的日期（时间更早）等。侯伯王庄所在的地区名为佩萨克–雷奥良，位于格拉芙产区的北部，也是距离波尔多城最近的一级名庄。从波尔多城中心出发，如果不堵车，只需 10 分钟的车程就能驶入侯伯王庄最早期的葡萄园。如果从美术馆动身的话，一直朝西南方向走，几乎是一条笔直的路，穿越佩萨克的城堡门，经过一片由药铺、洗衣店等店铺组成的商业区，

再过几个荒凉的环岛路口，就驶出波尔多城郊区了。

700 年前，假如去古酒庄的方向还走这条路的话，那根本不必走这么远，就能看到最早期的葡萄园。在中世纪时期，从城市中心走出来（以城墙和港口为起点，如今在旧城区的步行街道处，还能看到古城墙的遗迹），整个街道两边都是一片片的葡萄园，葡萄园连绵不断，一直延伸到侯伯王庄，甚至延伸到更远处。

中世纪时期，城市四周之所以种植大片的葡萄园，不过是在延续古老的传统罢了，如果上溯到更久远的年代，人们会发现，波尔多很早就开始酿造葡萄酒了，最早始于公元纪年初期，此后几乎没有中断过。在这一地区，只要做考古发掘，总能发现古代酿酒及葡萄压榨设备的遗迹。很有可能是比图里吉人-维维西人[1]选中了奥布里翁[2]这个地方（皮吉尼耶还在寻找充足的证据，他将来肯定能找到），他们在公元 1 世纪将首个葡萄园设在距离首府勃迪加拉（Burdigala）很近的地方。奥布里翁（Haut-Brion）这个地名当中的“Brion”或许正是源于勃迪加拉一词里的“briga”，在比图里吉人的词汇里，这个词意为“小山丘”，通常是指带有防御工事的小山丘。

在中世纪末期，即文艺复兴之前，人们找到一些古老的遗迹，侯伯王城堡后来正是在遗迹的所在地发展起来的。那个时候，势力强大的领主将波尔多地区大片的土地控制在自己手里。他们甚至可以买卖爵位，一旦获得爵位，就能得到所有与爵位有关联的好处，比如资产、土地以及生活在那片土地上的人。作为回报，领主承诺向王室输送兵源及其他一些好处。

直到法国大革命之前，一位领主同时拥有好几处领地这一现象并不鲜见，因为买卖领地可以给王室带来丰厚的税收。有些贵族家族把他们的土地价格定得非常高，然后再抓住婚嫁、丧葬、政治风险或经济危机等有利时机，去和别人交换土地，他们把交换土地的事交给王室的律师以及公证人去操办。有时候，某个拥有一块领地的家族向别的领主缴纳租金，租用他们的牧场或猎场，以从事其他类型的经

[1] 约公元前 600 年，比图里吉人是高卢民族里最强大的塞尔特部落。到公元前 500 年，比图里吉人分为两部分，其中一部分是维维西人，他们那时在吉伦特湾以西（今波尔多）扎下根来。

[2] “侯伯王”系庄园的中文正式译名，本书凡涉及庄园时都采用侯伯王这个名字，但涉及其所处地区时仍然用奥布里翁这个地名。

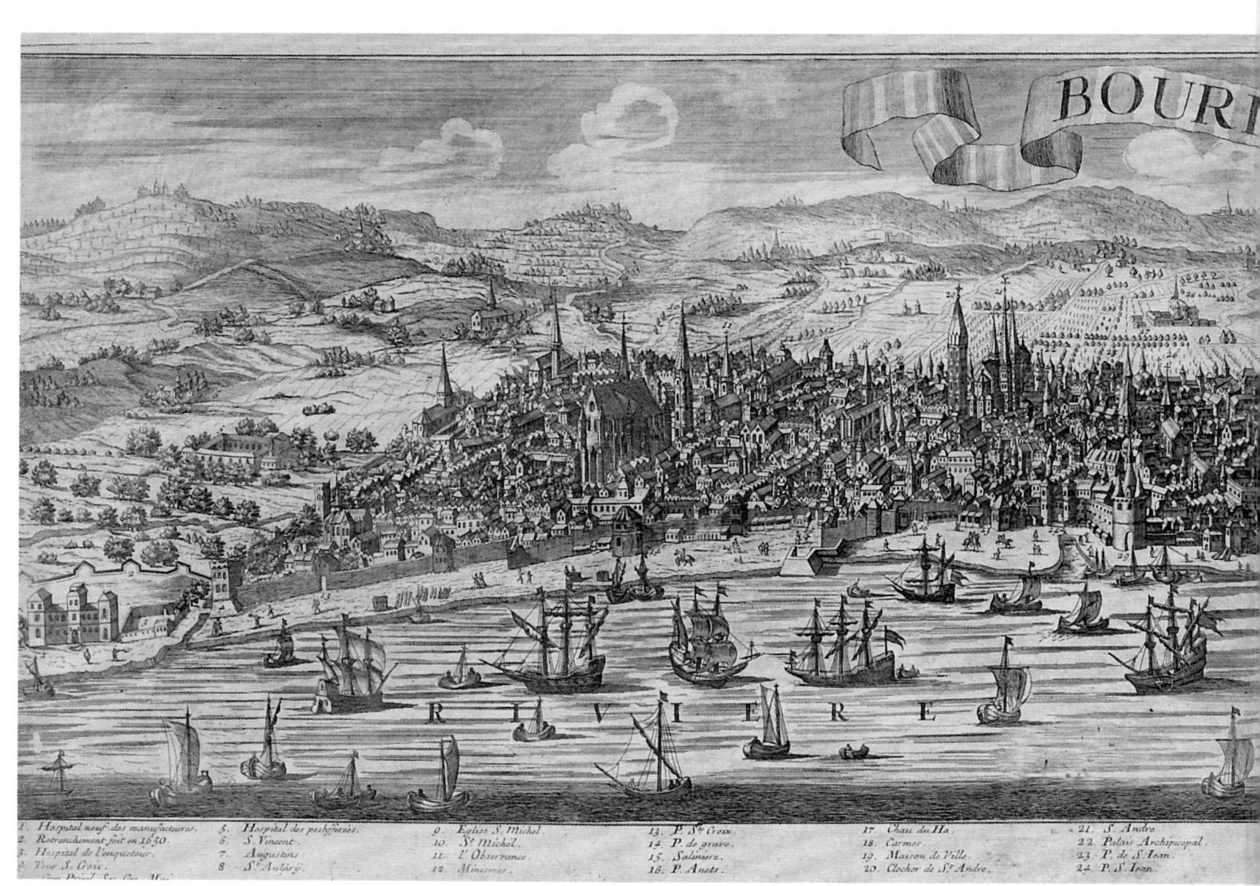
BOURI
RIVIERE
1. Hospital neuf des manufactures.
2. Retrenchement fait en 1650.
3. Hospital de l'enquetour.
4. Tour S. Croix.
5. Hospital des pesliferés.
6. S. Vincent.
7. Augustins
8. S.t Aulary.
9. Eglise S. Michel.
10. S.t Michel.
11. l' Observance.
12. Minismes.
13. P. S.te Croix.
14. P. de grave.
15. Saliniere.
16. P. Anets.
17. Chau du Ha.
18. Carmes.
19. Maison de Ville.
20. Clocher de S.t Andre.
21. S. Andre
22. Palais Archipiscopal.
23. P. de S. Iean.
24. P. S. Iean.

19 世纪的波尔多港。

AUX
Palludes de Bordeaux
Cha: de Blancke fort
G A R O N E
29. P. ducaillo.
30. S. Simeon.
31. Amphiteatre.
32. les Recollets.
33. P. de jutelle.
34. Carmelites.
35. P. d'aufin.
36. Tourn de limajon.
37. P. d'Erpour.
39. P. du chapoau riogs.
40. Chateau Trompette.
41. Lechapellet.
42. S. Germain.
43. Fontaine.
44. Fontaine d'Audege.
45. Palemaille.
46. Carmes de chaux.
47. Chapelle.
N°3

营活动，这样的局面在今天来看有些难以理解。

格拉芙地区最大的领地就是侯伯王庄园。再往北就是梅多克地区，那时候，梅多克地区还十分荒凉，那里最大的领地是拉莫特-玛歌庄园、拉伊特庄园、木桐庄园以及拉托德-圣莫贝尔庄园。在每个庄园里，土地由佃农耕种，有些佃农便去种植葡萄或其他农作物，但要把年收入的一半交给领主。

再往后，土地收益分成制逐渐发展起来：佃农可以在若干年内经营葡萄园，并和领主分享葡萄园的收益。这种运作形式表面看起来很公平，但领主会得到更多的好处，因为领主有足够的财力住在波尔多城内，而当时的法律规定，只有波尔多城内的居民才能享受卖酒不用交税的特权。佃农根本没有机会住在波尔多城里，他卖酒得到的实际收益只相当于领主的四分之一。如果佃农交不起地租，领主则有权收回出租的土地。到了 18 世纪，正是凭借这个立法缺陷，后来成为列级一级庄的庄

上图：19 世纪的波尔多大剧院。
右页：各庄园领地经常易主。

cadet de cavalerie chevalier de l'ordre royal et militaire St Louis [illegible]

en conséquence des Lettres de Chancellerie, datées du [illegible] may [illegible] [illegible] Signées par le Conseil [illegible] & scellées, assisté de Me. Jean Roux son Procureur, lequel en présence dudit Procureur du Roi, étant ledit Chapt de Rastignac tête nue, les deux genoux à terre, sans ceinture, épée ni éperons, tenant les mains jointes, a fait & rendu au Bureau les Foi, Hommage & Serment de fidélité qu'il doit & est tenu de faire au Roi notre Sire LOUIS XV. Roi de France & de Navarre à présent regnant, pour raison de la terre et seigneurie de Rastignac en haute moyenne et basse justice domaine de fief cens et rentes [illegible]

appartenance & dépendance, situé dans la [illegible] chaussée de Périgueux

relevant de sa Majesté, à cause de son duché de guienne Et après avoir promis & juré sur les Saints Evangiles, d'être bon & fidele Sujet & Vassal du Roi, ainsi qu'il est porté dans les Chapitres de fidélité vieux & nouveaux, & de satisfaire à toutes les obligations auxquelles sont tenus les Vassaux de sa Majesté, de payer tous les Droits & Devoirs Seigneuriaux qui pourroient être dûs, même & par exprès, les profits de Fief, depuis les jours de la Saisie féodale, si aucune a été faite, si le cas y échoit, sous lesquelles obligations ledit Vassal a été par nous investi [illegible] terre et seigneurie à la charge d'en fournir son aveu & dénombrement dans les quarante jours portes par l'Ordonnance, lui faisant main-levée pour l'avenir des fruits desdits biens saisis faute d'Hommage non rendu; sans préjudice des Lods & Ventes, Redevances, & autres Droits & Devoirs Seigneuriaux. FAIT à Bordeaux au Bureau du Domaine du Roi en Guienne, le cinq jour de may mil sept cent soixante neuf.

Chaperon Lozes Latouche Gauthier

[illegible] Cartone [illegible] Proc. du Roi

Chapt de Rastignac

hommages

Roux

园逐渐把葡萄园掌握在自己手里，而且往往有足够的资金去雇用短工，雇用男性劳力每天只需付 10—12 苏，而女工每天只要支付 6—8 苏（那时的 20 苏相当于 1 利弗尔），但不包食宿。这样的薪水条件很快就将佃农转变为葡萄种植工人，而列级一级庄则逐渐成为规模庞大的葡萄产区的主人。

彭塔克横空杀入

直到 16 世纪初叶，梅多克地区依然没有开发葡萄种植业，这和梅多克地区的地理位置不无关系。如今五家名庄里有三家在波亚克地区，但这个地区距离波尔多城有些偏远，相隔 40 公里路。玛歌庄距离波尔多城只有 20 公里，而侯伯王庄所在的佩萨克镇就在波尔多城边上。

因此侯伯王庄的优势就是距离城市非常近。种种迹象表明，此地生长葡萄的历史可以上溯到高卢-罗马时代，而历史遗迹表明，最早的葡萄种植始于 1436 年，那一年一位名叫乔安娜·莫纳岱的女士在奥布里翁拥有 29 处葡萄园（奥布里翁就是“高山冈”的意思）。莫纳岱一家在波

左页：阿尔诺三世·德·彭塔克肖像。他购入的葡萄园相当于当今面积的一半多，堪称侯伯王庄园之父（参见后页的葡萄园分布图）。

尔多是声名显赫的家族，专营打造银币，王室在 16 世纪末颁布法令，禁止民间从事打造银币的业务，不过民间打造银币的做法在中世纪的法国还是很盛行的，某个地区能否打造自己的银币，就看这个地区的政治联姻关系怎么样。

乔安娜·莫纳岱将爵位传给她的儿子阿玛尼厄·达尔萨克，这个爵位后来转给阿普家族（波尔多商人，比莫纳岱家族还富有），到了 15 世纪初叶，爵位又转给富尔家族，也就是转给了玛格丽特·德·富尔本人，她是波东·德·塞居尔的妻子，塞居尔在圣埃美隆附近的弗朗克有一大片地产。玛格丽特后来将奥布里翁的领地传给她儿子让·塞居尔，尽管这个坐拥大片地产的家族于 1531 年将这块土地转卖给一个巴斯克商人，但却依然保持着繁荣的势头，继续影响波尔多的葡萄种植业，因为几百年过后，这个家族又先后买下了拉菲、拉图和木桐庄。

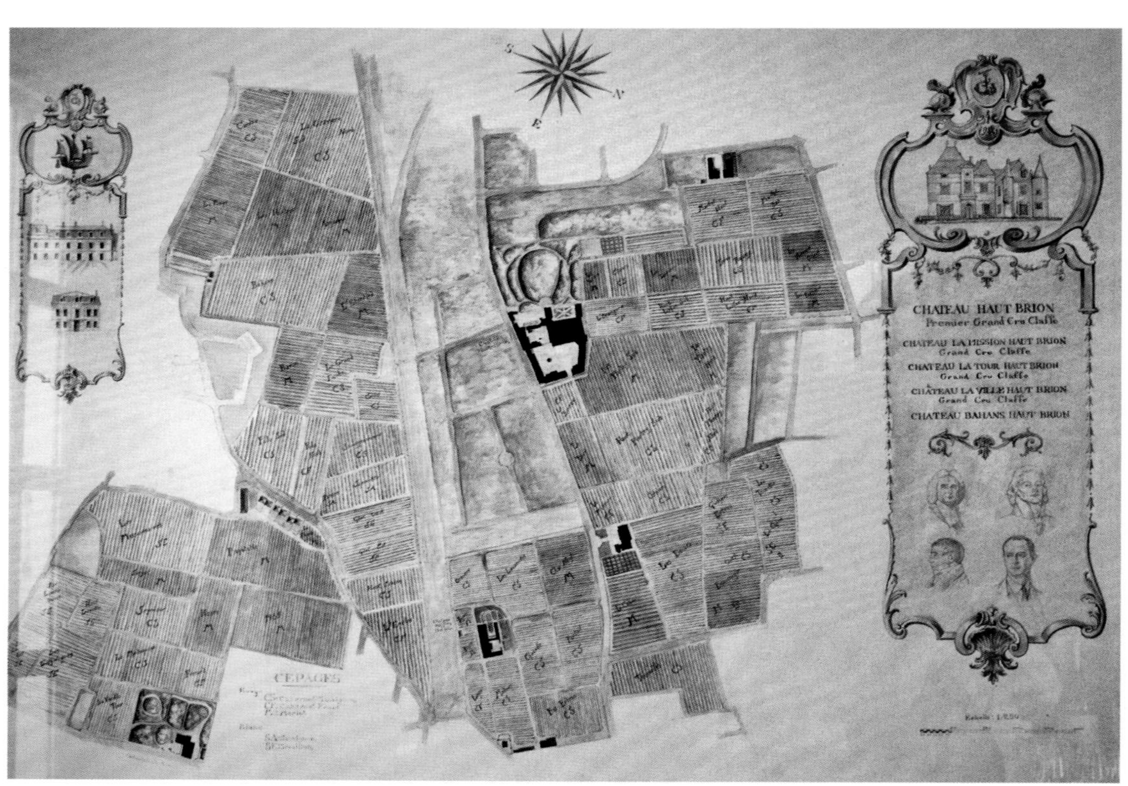

侯伯王庄园葡萄园分布图。

在此期间，所有的葡萄园都出产一种葡萄酒，类似红葡萄酒，专门供应给英格兰市场。在一个名叫“奥布里翁领地之槛”（le Seuil de la Seigneurie de Haut-Brion）的村子里，曾有一座存放桶装酒的酒窖和一台压榨机。这台压榨机直到法国大革命前还在吉艾姆·埃斯图（Guilhem Esteou）的地界上，不远处有一座不甚美观的水上城堡。

我们今天所看到的这座庄园始建于1533年，就在那一年，让·德·彭塔克获得领地所有权益。1525年，他把利布尔纳（Libourne）镇长的女儿让娜·德·贝龙娶进家门，通过这门婚姻，他便名正言顺地成为这座庄园的主人。让娜带来的嫁妆是领地周边的几块地产。尽管这几块地并不属于领主地产的租赁范畴，但他还是要把五分之一的收益缴纳给奥布里翁的领主。彭塔克意识到自己的优势，感觉可以从中获取更大的利益，于是便设法说服领主让·迪阿尔德，要领主把爵位和权益全部卖给他，其实所有这一切都是领主从塞居尔家族那里买过来的。1554年，彭塔克以2640“波尔多法郎”的价格将爵位和权益全部买过来，这时距离领主从塞居尔家族手里买过来仅仅过了两年时间。彭塔克已经预感到，妻子娘家陪送的那几片葡萄园具有巨大的潜在价值，他知道格拉芙地区出产的葡萄酒一直被认作是当地的佳酿。自从中世纪初期法国和英格兰开展葡萄酒贸易以来，这个地区的酒一直就是抢手货，并一直持续到19世纪，只是当梅多克葡萄酒成为大众追捧的目标之后，格拉芙葡萄酒才逐渐衰落下去。

要是寻根究底的话，人们会发现彭塔克和迪阿尔德家族并非只是租赁关系，他们之间还有其他方面的联系。他们两家都是贝亚恩人，让·德·彭塔克的父亲名叫阿尔诺·德·彭塔克，是大批发商兼船主，和那些所谓的“暴发户”相比，他还是略有不同，后来他当上了地方法官，专门审理刑事及民事案件，后来又当上了波尔多市长，一步步走向上流社会的高层，最后作为波尔多最高法院的杰出人物，甚至被封为贵族。1504年，阿尔诺·德·彭塔克被授予贵族头衔，从那时起，彭塔克家族便跻身于“穿袍贵族”[1]的行列，在列级一级庄的发展过程中，无论庄园兴旺发

[1] 担任法官、大法官的贵族因身穿长袍，故称“穿袍贵族”，他们是贵族等级中极有影响力的特殊集团。

达，还是凋零颓败，穿袍贵族都起着非常重要的作用。

那时候，让·德·彭塔克子承父业，也做批发生意，卖葡萄酒、丁香、食糖以及其他食品，他在巴约讷港口可能会经常碰到迪阿尔德家族的人。他有成功从事大笔买卖的经验，而且很有商业头脑，因此在做生意时总是表现得游刃有余，能为自己获得最大的利益。迪阿尔德最终将侯伯王转让给他。

让·德·彭塔克似乎是一位非常能干的领头人，当然也很讨女人喜欢，在漫长的一生当中一直活跃在政治舞台上，他活了 101 岁，这在那个时代是极为罕见的。他经历了五代法国国王的统治（路易十二世、弗朗索瓦一世、亨利二世、查理九世和亨利三世），结过三次婚，生育了 15 个孩子。除了政治活动之外，他对葡萄园非常上心，说他是真正的侯伯王庄园之父一点也不为过。根据波尔多市立图书馆所保存的史料记载，他把领地周边的土地一块块买过来，再把这些土地转变成葡萄园，因为土地只能给他带来 20% 的收益。到晚年时，他已将相当于当今侯伯王一多半的葡萄种植区划归到自己名下。

这些葡萄园直到今天依然没有任何改变。葡萄园几乎紧挨着波尔多城的边缘，这就更让人感到吃惊了。许多城堡如今都已荡然无存，尤其是第一次世界大战之后，再加上农村人口逐渐涌入大城市，农村的许多土地都被不断扩展的大城市吞噬掉了。侯伯王主人的政治影响力发挥了很大的作用，这一点是毫无疑问的。尽管到关键时刻也得做一些让步，比如庄园内的林地及所有不适合种植葡萄的土地都逐渐转卖给波尔多市。不过，葡萄园却依然毫发无损，因此侯伯王庄的葡萄种植地也就成为波尔多历史最悠久的葡萄产地。我们再回过头来讲述 16 世纪的往事：1549 年，彭塔克建造了一座城堡，当初显然是设想把城堡建在领地的中心位置上。在当今的城堡里依然能看到这部分古建筑，它是现在城堡里最古老的部分。其他几家一级名庄就不敢说他们的城堡是最古老的，拉菲城堡始建于 1572 年，玛歌城堡建于 1810 年，拉图城堡建于 1862 年，至于

右页：1746 年的伦敦。地图由罗克绘制。

LONDON SURVEYED
or a new MAP of the CITIES of
LONDON and WESTMINSTER
and the Borough of SOUTHWARK
The Front of the Royal Exchange
The Monument
The North Prospect of St Pauls Cathedral
The Bank of England
The South Prospect of LONDON
St Georges Fields
Holborn
Fleet Street
The Strand
Charing Cross
Inner Temple

左页：在侯伯王庄，橡木酒桶在火上焙烤。

说木桐城堡，它只是在19世纪末至20世纪初才建造起来的。然而值得注意的是，侯伯王城堡并未建在那台古压榨机的所在地，而是建在一座小山丘的山脚下，建在沙砾石地上。由此，我们可以猜测到，彭塔克已经意识到哪些土地适合种植葡萄，因为他把压榨机附近的含有沙砾的热土留给葡萄树。

城堡建造好了，装饰得也十分精美，足可以用上几百年。彭塔克先生直到晚年身体都很好。1589年4月5日，彭塔克无疾而终，与世长辞，将城堡留给他的四子阿尔诺二世，阿尔诺二世在27岁时便获得神甫圣职。1605年，他将城堡传给了他的侄子若弗鲁瓦，若弗鲁瓦时任波尔多议会议长。转眼时光又过了一代人，待阿尔诺三世[1]掌管城堡之后，便修改了游戏规则，并为其他一级酒庄的问世铺平了道路。

阿尔诺三世是人文主义者，带有文艺复兴时代的做派。据说他的图书馆是全法国最大的图书馆之一，而且他像祖辈那样，走上了从政之路，成为吉耶纳省议会首任议长。

1649年，他把侯伯王庄园继承下来，并用了10年时间来扩建城堡，为城堡增加了一幢建筑，将建筑面积扩大了一倍。他还刻苦钻研酿酒工艺，借鉴当时先进的科学知识，来改进庄园的葡萄酒，同时把自己的发明创造也应用于酿酒上。由于担任省议会议长的职务，他有机会了解法国政治生活中的最新情况，甚至了解一些幕后消息，他当然不会错过从中渔利的机会。

英国的销售渠道

就在阿尔诺三世掌管侯伯王庄园的时候，17世纪的欧洲发生了一个重大事件：英国内战爆发，查理一世国王随后被处死。对于波尔多的葡萄酒批发商来说，

[1] 阿尔诺三世是不是若弗鲁瓦的子嗣，作者在此交代得不清楚，按照彭塔克家族的命名习惯，他应该是阿尔诺·德·彭塔克的第三代孙，阿尔诺这个名字是隔代传用。

法国大革命之前的这场革命并不是什么好兆头，因为英国一直是波尔多葡萄酒的重要市场，两国的葡萄酒交易已有将近 500 年的历史。实际上，不管是处死查理一世国王，还是奥利弗 · 克伦威尔所主宰的 11 年清教徒式的统治，动荡的英国让这个曾经繁荣的葡萄酒市场从此一落千丈。

1660 年，查理二世继承王位，这对于波尔多大宗葡萄酒商人来说，应该是一件好事。

阿尔诺三世极为关注英国所发生的事件，料想到王朝复辟也就意味着王室文化重新崛起，很多人都希望与清教徒式的生活（当局甚至禁止人们过圣诞节）彻底决裂。他认为英国人很快就会去蜂拥购买奢侈品，而且会喜欢上一种新口味的葡萄酒，这种酒和以往波尔多人卖给英国人的酒截然不同，几百年来，波尔多人一直在卖那种口味寡淡的红酒。

在英国王朝复辟之前，所有的波尔多葡萄酒都被称为“红葡萄酒”（claret）。这是一种口味单调、寡淡的葡萄酒，也许是将红葡萄和白葡萄混在一起酿造的（过去红葡萄和白葡萄在葡萄园里是混种的），再不然就是在葡萄汁发酵期间，红葡萄没有在汁液里充分浸渍，这样酿出的葡萄酒颜色不够深，结构不够厚重。这种葡萄酒一定要趁着刚酿出的新鲜劲儿喝，否则酒很快就变质了。那时候，酒都装在大桶里，通常是由客栈老板或饭店的厨师将酒灌到瓶子里，再拿到餐桌上给客人喝。如果葡萄酒继续氧化、发酵，或者变酸了，人们便往葡萄酒里兑点干邑、苹果酒，或放一点浸渍过的香草，来解决这个问题。

在阿尔诺三世看来，是到了该彻底解决这个问题的时候了。1650 年间，他专心致志地研究，开发出一种革命性的酿酒方法。他的研究成果后来被命名为“法国新红葡萄酒”（New French Claret）。

酿造葡萄酒的专有技术在此前几十年当中一直在不断改进，不过阿尔诺三世好像将几种方法结合在一起，同时再加上他的独特想法。尤其值得注意的是，他将酿酒木桶的体积增大，并决定将葡萄连皮带籽全部放进木桶里，而且放置相当长的时间（当时一般只在木桶里放置十几天），将葡萄的颜色、单宁及结构都带入葡萄酒。在此之前，葡萄皮顶多只和未发酵的葡萄汁在一起放置两天，因此葡萄酒在发酵之前没有足够的时间去吸收单宁和颜色。木酒桶不再用白蜡木做桶箍，而在改用铁箍之后，酒桶可以做得更大，容量也增加了许多。同时最重要的发明是，用硫黄来熏蒸酒桶，从而达到消毒的目的。从中世纪时起，人们在橡木酒桶里点燃硫黄，进行熏蒸，以达到长久保存和运输葡萄酒的目的。这样就能让葡萄酒在贮存的同时口味变得更好，而不至于腐败变酸，那时候葡萄酒变酸似乎是不可避免的。

根据侯伯王庄所保存的史料记载，彭塔克当时还致力于改善葡萄的栽培及采摘方法，对每一株葡萄树上所挂的葡萄作疏果处理，将果实饱满的葡萄留下来。葡萄采摘过后，还要对葡萄进行挑选，只保留熟得最透的，以确保酿制出最棒的葡萄酒。在存放木桶的酒窖里，他把刚刚摘掉果实的葡萄梗也“压榨成汁”，然后添入压榨好的纯葡萄汁里，这样就将葡萄的劲力、颜色及特性传给葡萄酒。来自其他渠道的史料似乎也证明，彭塔克家族用搅动方法来净化葡萄酒，也就是说将葡萄酒中的沉淀物分离出去，并且时刻注意让酒桶在葡萄酒陈酿过程中始终保持满桶状态，以避免出现氧化。他们似乎把质量不太好的葡萄酒留下来供自己享用，进而推出“副牌”的概念。

德·彭塔克先生最具革命性的设想就是将他的葡萄园和某一特殊商标结合在一起，这个商标就是他的城堡。那时他用了很多名字，比如：彭塔克、侯伯王、侯·布

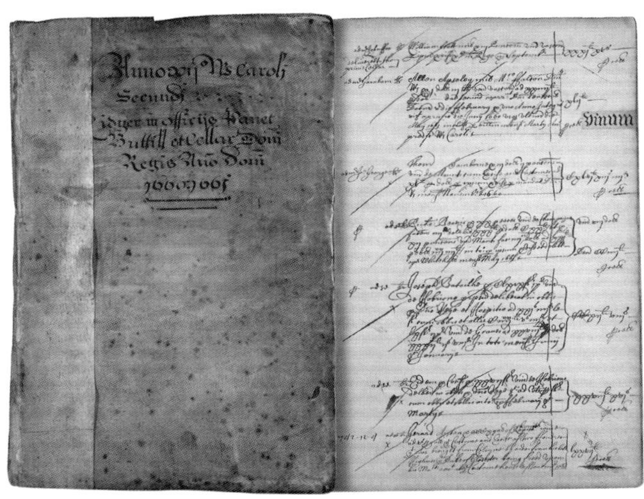

记载英国查理二世国王御酒的史籍（1660 年）。

里安、奥布莱恩等。当然，我们如今无法知道，这些名称究竟是用于同一款葡萄酒呢，或是用于庄园内生产的其他葡萄酒。侯伯王庄总是把最好的葡萄留下来，剩下的葡萄就送去酿制一般品质的“彭塔克”葡萄酒。根据史料记载，其他一级庄从一开始就把不同品质的葡萄酒分别放入不同的酒桶里，待酒酿好之后再分开来卖。所有这些手法在 18 世纪已成为司空见惯的做法，不过阿尔诺三世应该是开创这一做法的先驱。1660 年，查理二世继承王位，也就是从那一年起，侯伯王庄的葡萄酒成为查理二世国王餐桌上的御酒。在记载国王御酒的史籍（正式标题为《国王陛下御膳与御酒典籍》）里，有这样一段文字：“在国王执政之 1660—1661 年”，王室“向约瑟夫·巴塔伊支付了一批侯布里奥诺（侯伯王）葡萄酒的价钱，共购入 169 瓶酒，酒已呈献给国王陛下及其客人”。

三年后，国王已将自己的喜好传给了身边的人，首先传给宫廷里的人，接着又传入伦敦的上流社会。1663 年，塞缪尔·皮普斯在日记里记载了一段有趣的经历：“同 J. 卡特勒爵士和 M. 格兰特爵士一起去交易所，在朗伯德街的‘王室橡树’酒店里，我喝到一种法国葡萄酒，酒牌名为侯 · 布里安，这酒的口味很特别，以前从未喝过这种口味的葡萄酒。”

皮普斯是名酒鉴赏家，他的酒窖里放满了马德拉葡萄酒、托卡依甜酒以及香槟酒，因此他对侯 · 布里安酒的口感及特性所作的评价应该是可信的。350 年过后，在侯伯王庄园的办公室里，皮吉尼耶作出这样的解释：“他大概是在说葡萄酒的单宁和结构，而这恰好是法国新红葡萄酒最显著的特征。”

“无论是出自皮普斯的笔下，还是涉及查理二世的御酒史籍，这些文字是已知最早记载某种波尔多葡萄酒的史料，不管这些史料是用哪国文字书写的，而这种葡萄酒还带着庄园的名号，可以说，这种葡萄酒肯定是给英国市场特制的。”皮吉尼耶接着补充道。法国过了很久才开始关注葡萄酒，从而让很多来自爱尔兰、苏格兰及英格兰的葡萄酒批发商在波尔多安顿下来（他们中有些人的后代如今依然住在波尔多）。彭塔克知道自己的葡萄酒在英国很受欢迎，为了获取更大的利益，他决定把儿子派往伦敦（我们将在下文里讲），与此同时，他还欢迎当时的名人到他的庄园来做客。

在 1670 年间，在有关机构的赞助下，哲学家约翰·洛克到法国去考察，走访了波尔多的葡萄种植地，以研究是否能将葡萄的种植条件移植到英国，从而让英国市场摆脱法国葡萄酒批发商的控制，因为这些批发商有时很招人讨厌。他记述道："彭塔克出产的葡萄酒在英国博得极高的评价，他家的葡萄园坐落在东西走向的小山丘上，土壤为混杂着砾石的白沙地，有人认为这样的土地根本不适合任何农作物生长，但彭塔克先生的葡萄树就是长在如此特别的土地上，波尔多城的葡萄酒批发商坦诚地告诉我，与彭塔克家葡萄园仅一沟之隔的相邻葡萄园，土壤也应该完全相同，但酿出的葡萄酒就是不如彭塔克家的酒好喝。"那时究竟是谁带着他去参观当地的葡萄园，我们不得而知，但不管是谁，他肯定强调了种植优良葡萄的几个要素，诸如葡萄要种在小山丘的缓坡上，日照要好，土壤为排水性良好的薄地，要施有机肥料（比如鸽粪、鸡粪，但不要用马粪或牛粪）等。他还告诉洛克："葡萄树越老，葡萄产量越低，酿出的葡萄酒越好。"侯伯王庄园从此名声大振，大概到了 1700 年左右，伦敦的上流社会只认侯伯王庄园的葡萄酒。也就是在那个时候，后来成为一级庄的另外三家酒庄也步侯伯王庄的后尘，得到英国市场的追捧，只是在又过了 150 年之后，他们才于 1855 年被列级为一级庄。在 18 世纪最初的 10 年当中，这四家名庄的葡萄酒在伦敦市场上已打出自己的名号：彭塔克（侯伯王）、拉图、拉菲和玛歌，而且售价要比其他产自梅多克地区的葡萄酒高三至四倍。

梅多克的庄园

尽管侯伯王庄在资历方面拔得头筹，但所有一级名庄所在的庄园都已有几百年的历史。要想了解其他四座庄园起源于何时，就应该去找波尔多大学地理学教授勒内·皮亚苏先生，皮亚苏耗时 14 年，查阅了现存于波尔多、巴黎和英国的史料，仔细深入地研究了各城堡所保存的档案，撰写出两卷本共 750 页的鸿篇巨制《梅多克史》（*Le Médoc*）。由此，他打开一扇独特的窗口，去观察这一地区的历史，尽管接近这扇窗口有些难度。皮亚苏奉献给我们一部极其珍贵的文献，让我们得以了解这一地区的历史，尤其是详细地了解葡萄种植的历史及其源头。

和所有人一样，他也承认人们的想法

过于浪漫，总想把历史源头追溯到很久远的年代，就像侯伯王庄所在的格拉芙地区，或者像圣埃美隆地区那样，因为在圣埃美隆也发现了高卢-罗马时代种植葡萄的遗迹，但这也许会让人铸下大错。在罗马人留下的文字里，他们也曾提到梅多克，但说得更多的是味道鲜美的牡蛎以及茂密森林里的雄鹿和野猪。

不过这并不意味着这个地区没有什么可以挖掘的。拉菲的名字最早出现于 1234 年，这是有案可查的：在梅多克北部（即后来称为波亚克的地方），有一座从事多种农作物种植的农庄（种牧草、蔬菜，但不种葡萄，也搞养殖），名叫拉伊特（La Hite，当地方言，意为高度）。

根据未经完全证实的史料记载，大约在 1150 年，阿基坦的埃莉诺在拉伊特庄园的城堡里过了几夜，埃莉诺是阿基坦公爵纪尧姆十世的女儿，两年之后，她和法王路易七世离了婚。但此后不久，她就嫁给金雀花王朝的亨利，即未来的英王亨利二世，为亨利二世带来了丰厚的嫁妆，除了阿基坦省之外，还将波尔多的葡萄园一起陪送给亨利。

在和法王路易七世的婚期内，埃莉诺是全法国最漂亮、最富有的女士之一，她不但乐于而且更是果敢地去享受生活，她婆婆对此极为不满，说她是朝三暮四的轻浮女人，是克夫的灾星，这也证明不论在什么地方，所有的婆婆都一样。这个变幻莫测、总惹人生气的女人让路易爱得发疯，尽管传闻说她和她叔叔、普瓦捷的雷蒙德王子也有一腿，而且她只给路易生了两个女儿，没有生儿子。虽然在十字军东征时，夫妇俩曾并肩作战，但到了婚姻后期，埃莉诺一直在要求离婚。当她生下第二个女儿之后，她的婚姻也就走到了尽头，而路易这边也面临着来自家族的巨大压力，家人要他去娶一个能生出男孩的女子，将来好继承王位。

虽然路易失去了埃莉诺，葡萄酒生意却得到极大的好处，由此在波尔多与英国之间开启了一段漫长而又繁荣的交往史。在和法王路易七世解除婚约六周之后，埃莉诺嫁给了亨利，婚后她给亨利生了五个男孩和三个女孩。由于这场婚姻，波尔多

页 64~65：侯伯王庄城堡。
页 68~69：拉图庄园的鸽子棚。

在三百年当中一直由英国王室统治。即使在波尔多重新划归法国之后，英国市场对波尔多的影响也没有发生变化，甚至让五家一级庄应运而生。在尚未开始种植葡萄之前，拉菲在波尔多地区就早已是著名的庄园了。具体来说，13—15 世纪时，拉菲庄园的面积已达 1000 公顷，北至雅勒河及布勒伊湿地，南至波亚克村，东至吉伦特河港湾，这个界线很清楚，西面的界线有些模糊，包括米隆地区几个小村子的部分土地，以及卡许阿德的大片耕地。拉菲已知的第一位领主是皮埃尔·德·贝夸朗，我们手里有一份某佃农交付地租的契约，契约的签署日期为 1533 年 3 月 27 日，也就是在那一年，让·德·彭塔克获得侯伯王的领地。拉菲城堡则在 40 年过后，即 1572 年才开始兴建，城堡建成后，由四个领主共同享用。16 世纪末的一份报告显示，当时在那片土地上还有 40 户佃农，他们用黑麦及其他农作物向领主交地租，报告当中没有记载任何有关葡萄酒的文字。由此再往南走上几公里，就是拉图庄园，第一次记载拉图庄园的文字是英法百年战争时期的一份文件，正是百年战争终结了英国在波尔多地区的统治，而此前英国凭借埃莉诺嫁给亨利二世的机遇获得了这个地区的宗主权。一座高大的城堡耸立在吉伦特河边，把守着这条河的港湾，1378 年，百年战争中最关键的一场战役就在离这座城堡不远处展开，那时人们管这座城堡叫圣莫贝尔塔（La Tor de Sent-Maubert），城堡的主人名叫戈塞尔姆·卡斯蒂永，是梅多克地区最富有的家族之一。

这座城堡是一处防守要塞的组成部分，要塞始建于 1333 年，英国人大概利用这座城堡来防卫敏感地区，以防止法国人起来反抗。但在 1378 年，领主的一位后裔改变主意，站在法国人一边，结果法国人开始围攻城堡，接着英军又把城堡夺了回来，并一直掌控在自己手里，直到 1453 年 7 月 17 日卡斯蒂永战役爆发，英军战败，整个地区才重新回到法国人的怀抱。50 年过后，英国商人又返回波尔多，因为法国人很快就意识到，当地的繁荣还真离不开英国商人。不过这一次，他们要想进入波尔多港，就必须先交出手中的武器，即使想进入圣莫贝尔塔，也要先交出手中的枪械。

这座古老的城堡早已消失得无影无踪，就连城堡附近的那座教堂也早已被夷为平地。矗立在拉图葡萄园里的那座高大的圆顶石砌塔看上去气势不凡，其实它只是一个鸽子棚，大概建于 17 世纪初。而这里却保存着一大批丰富的史料，是本地区有关百年战争保存最好的史料，这让许多研究中世纪的学者大饱眼福。

凭借这些珍贵的史料，我们得以再现当年土地反复易手，主人交替更换的史实，这和当时政局的变化不无关系。我们从中看到领主们肆意摆布佃农，进而掠夺他们的土地。在那段时间里，拉图庄园肯定在种植葡萄，因为史料总是提到葡萄园，而且将其与花园、小村庄、麦田以及家畜相提并论，当然还有梅多克所特有的丰富资源——沼泽地。15 世纪末，葡萄树都长在小山丘沙砾土的斜坡上，长在庄园的中心地带，时至今日那里还是最好的葡萄种植地，约占庄园总面积的五分之一。

自 1382 年起，拉图庄园一直掌握在蒙费朗的贝尔特朗二世（亲英派）和他儿子贝尔特朗三世手里，1453 年，百年战争结束后，家族的另一支系（亲法派）要求得到那些理所当然应该属于他们的财产。

于是家族的两个支系便开始打官司，并动用政治及社会力量来达到自己的目的，由此产生的直接后果就是拍卖这所庄园。三个富有的商业家族参加竞拍。1496 年，新主人出现在产权所有人的名录上，名称为“拉图的领主及夫人”，庄园由这三个家族共同享有。这里所说的拉图[1]已不再是指圣莫贝尔塔，对于拉图而言，这正是庄园步入现代的开端，到了 16 世纪中叶，阿尔诺·德·米莱也是这样认为的，米莱那时任波尔多法院预审部主任，也是拉图庄园唯一的主人。

议会的盟主地位

几十年过后，拉菲庄园也迎来一位议员主人，因为庄园落入波米耶的索巴家族之手。他们家族当中一位名叫约瑟夫·索巴的人是支持法王路易十四的狂热分子，在波尔多的朝臣当中享有长老称号，这让他在市议会成为首屈一指的议员，而且还与彭塔克家族一起共事。由于他没有子嗣，在他去世后不久，1670 年 10 月 7 日，他夫人让娜·德·加斯克再婚，嫁给波尔

[1] 拉图（La Tour）为法文“塔”字的音译，所以才有下文圣莫贝尔塔的说法。

多议会的另一位议员雅克·德·塞居尔。

让娜再婚应该说是嫁对了郎君，因为雅克·德·塞居尔是当时波尔多最杰出的人物之一。许多庄园都已划归他的名下，比如弗朗克斯、贝格勒、加龙以及贝尔福等，而且他还是一位德高望重的政治家。

德·塞居尔先生那时已有几片葡萄园，或许对彭塔克的葡萄酒深受英国王室喜爱也有所耳闻，于是他抓紧时机，在妻子陪嫁馈赠的土地上种下葡萄树。1680年，一位名叫法坦的公证人描述了他的庄园，称庄园里种满了葡萄树。1691年，在德·塞居尔先生去世时，葡萄树的种植工作也基本结束了。种种迹象表明，这款新酒并未按波尔多旧有的销售模式来卖，或至少没有按梅多克的传统模式来销售，酒的主人所接触的都是声名显赫的人物，这酒很快就以拉菲的名号出现在伦敦市场上。

家族买卖

梅多克南部地区最大的领主就是玛歌的拉莫特领主，拉莫特（La Mothe）意为山冈或山丘，大概也暗指在高坡上种植葡萄，这样可以确保土壤有良好的排水性。最早提到这所庄园的史料可以上溯到13世纪，另外还有一些趣闻逸事似乎也表明当地人在14世纪已经开始种植葡萄了。不管怎么样，现有的史料证明拉莫特掌握在富有的大家族手里，最早拥有拉莫特庄园的是13世纪的阿尔布雷家族。接下来，弗朗索瓦·德·蒙费朗成为庄园的主人，这两个家族是靠婚姻联系在一起的，蒙费朗很有可能是继承了庄园，而不是竞拍买下来的。然而不幸的是，在百年战争当中，蒙费朗站在英国人一边，当法国人成功地把英国人赶走之后，弗朗索瓦被判处流放。100年过后，和拉图、拉菲以及侯伯王一样，玛歌庄也落入波尔多议员手中，其实就是落入莱斯托纳克家族之手。

当地所记载的土地转让与买卖契约告诉我们更多的细节。比如玛歌庄园在1572—1584年间频繁易主，也就是在1584年，“波尔多市政官吏”皮埃尔·德·莱斯托纳克成为玛歌庄园的主人。他往往会从佃农手里购买土地，或者和家族的其他成员交换土地。他似乎从格拉芙地区那个“名为奥布里翁的地方”换回几片土地，交换的筹码就是几块邻近玛歌的土地。

在二百多年里，莱斯托纳克家族一

直是玛歌庄园的主人，如同侯伯王庄园的彭塔克家族那样，让庄园保持了较长时间的稳定。他们于 16 世纪末来到玛歌，后在 19 世纪初离开玛歌。1654 年，让-德尼·德·莱斯托纳克将泰蕾兹·德·彭塔克娶进家门，开启了两座一级庄的联姻时代，泰蕾兹是弗朗索瓦-奥古斯特·德·彭塔克的妹妹，弗朗索瓦-奥古斯特是将侯伯王葡萄酒推向伦敦市场的倡导者。实际上在 1694 年以及弗朗索瓦-奥古斯特去世之前，两座庄园并没有正式的结盟关系，尽管泰蕾兹继承到侯伯王庄三分之二的财产（另外三分之一分给了她的堂兄路易-阿尔诺伯爵），不过人们不难想象他们家族自 1650 年起经常聚在一起吃饭的场景：阿尔诺三世向家人叙述法国新红葡萄酒最近所取得的进步；再往后，弗朗索瓦-奥古斯特则向家人讲述征服英国市场的业绩。

假如退一步仔细欣赏这四家“历史悠久”的一级庄，那么这种家族聚会看上去就更有意思。在玛歌庄园与侯伯王庄园联姻四年之后，让-德尼·德·莱斯托纳克的母亲在哥哥德尼·米莱去世后从他那里继承到拉图庄园。不过这三家庄园结合在一起的时间并不长，因为让-德尼将拉图庄园卖给一个名叫弗朗索瓦·沙讷瓦斯的人，据说沙讷瓦斯是国王的宠臣，靠掌控当地的邮政服务赚了大钱。沙讷瓦斯最终将拉图庄园留给他的外甥女玛格丽特·居托，无意间为梅多克南部的一级庄做了铺垫，让它们神奇地结合在一起。

玛格丽特结过两次婚。第二次婚姻，她嫁给了约瑟夫·德·克洛泽尔，克洛泽尔是夏朗德地区君主政体的拥护者。他们生育了一个女儿，名叫玛丽-泰蕾兹。1693 年，在双亲去世后，玛丽-泰蕾兹继承了拉图城堡。两年过后，1695 年 3 月 5 日，她嫁给亚历山大·德·塞居尔，亚历山大在四年前从父亲雅克手里得到波亚克的一个庄园，这个庄园后来发展得非常快，它就是后来蜚声海内外的拉菲庄园。

凭借这次联姻，后来在 1855 年列级为一级庄的五家庄园有四家落入两个家族手中。这种局面一直持续到 18 世纪末。在 1718—1720 年间，塞居尔先生甚至还把木桐庄也划归到自己名下，后来他将木桐庄园卖给一个名叫约瑟夫·德·布莱恩的人。

要是对 18 世纪末期所发生的事件作更深入的研究，人们会发现，玛歌庄的主人洛尔·菲梅尔于 1795 年嫁给了埃克托尔·德·布莱恩男爵，正是埃克托尔的父亲在 1720 年从德·塞居尔先生手中购得木桐庄园。

侯伯王在伦敦

在玛歌庄园，不管是得到了阿尔诺三世的帮助，还是动用了强大的政治影响力，莱斯托纳克家族也开始使用和侯伯王庄相同的酿酒工艺，以酿出高质量、高品位的葡萄酒，进而打入英国市场。1705 年，《伦敦公报》登载公告，宣布要拍卖 130 桶“玛歌（Margoose[1]）”葡萄酒。两年后，即 1707 年，《伦敦公报》也为拉图和拉菲登载过类似的拍卖公告。在波尔多，人们只知道玛歌庄园是由一个名叫柏龙的人在管理，柏龙当时详细地描述了好酒是怎样酿造出来的。

那时候，玛歌庄和侯伯王庄都掌握在弗朗索瓦·德尔芬·德·莱斯托纳克手里，人们也称他为“玛歌侯爵”。他在巴黎和波尔多拥有好几座庄园，似乎对自己的葡萄酒非常上心，但他更喜欢玛歌庄的葡萄酒，因为他把最佳地块出产的葡萄酒留下来，供自己享用，尤其是一处名为迪皮凯的葡萄园出产的葡萄酒，而且可能还有桑佩尔山以及德奥角等地块，如今这几个地块依然是最好的葡萄种植地。

那时有一本名为《玛歌的酿酒方法杂记——柏龙之范例》（*Memorandum sur la façon de faire les vins de Margaux selon l'exemple de Berlon*）的论著，此书很有可能出自柏龙之手，他可能是为老板写的，或是写给后代的管理者，再不然就是写给他自己，供来年葡萄采摘季节时作参考。有些人认为这本论著并非出自柏龙的手笔，而是他的继任者写的，不过这种说法不太可信。论著中提到玛歌侯爵提取“储备酒”，并根据佃农交上来的葡萄，把当年酿制的葡萄酒分为一级酒、二级酒和三级酒[2]。侯爵似乎保留 2000 瓶葡萄酒供自己享用，这个细节标志着酿造葡萄酒开始注意划分等级，如今我们耳熟能详的正牌

[1] 为便于发音起见，英国人将玛歌（Margaux）的法文名字写成“Margoose”，就如同将侯伯王（Haut-Brion）写成“Obrien”一样。

[2] 自从葡萄酒形成品牌之后，人们便把酒庄自己分级的葡萄酒称为正牌酒、副牌酒和三标酒。

酒就是这么来的。至于说“储备酒”，侯爵只用红葡萄，但在 20 世纪之前其他庄园并未模仿这种做法。直到那时候，“大牌名酒”在酿造时依然会添入 10% 的白葡萄，以便让葡萄酒看上去晶莹透亮，因为这样的葡萄酒在英国市场上更受欢迎。柏龙也首次向我们描述了混合酿酒法，这是为了让葡萄酒的品质始终保持在相对稳定的水平上，而这也正是葡萄酒批发商们所要求的。为了提高葡萄酒的品质，他在每一桶酒里都放一点最好的葡萄酒；为了防止氧化，他定期用佃农交上来的葡萄酒将酒桶灌满（当时最好的酒来自力士金庄园 [Lascombes]，力士金在 1855 年被列级为二级酒庄，刚好排在玛歌庄的后面，庄园至今依然采用力士金这个名字）。

木桐庄园：早期的历史

要想挖掘木桐庄园的史料还真是不容易。令人称奇的是，有关此庄园最详尽的史料都在拉菲庄和玛歌庄的档案里，再不然就湮没在波尔多市的档案当中，要想找到这些史料就得去波尔多城的沙尔特龙古商街，或在有关中世纪史的论文中找到一些蛛丝马迹。庄园本身没有任何古老的史料，即早于罗斯柴尔德家族入主庄园的史料。

如同其他一级庄一样，“木桐”（Mouton）这个名字也是在说高度，木桐庄早期的名字是“mothon”或“moton”，即小土岗的意思，是指坐落在庄园中央的三个小山丘，也是沙砾型土壤的山丘。这里起初也是领主的领地。木桐名气最大的领主是庞斯家族，在 14 和 15 世纪，庞斯家族在整个阿基坦拥有大片土地，但到卡斯蒂永的庞斯骑士时便衰落下去，这是由于庞斯骑士冒犯了亨利四世国王，震怒之下，国王将庞斯家的大部分土地都给没收了。1430 年，木桐庄园落入英王的弟弟、格洛斯特大公汉弗莱之手。此后不久，木桐庄于 1451 年又换了主人，迎来首位有名的人物，此人是隆格维尔伯爵，名叫让·德·迪努瓦，据说是奥尔良路易王子的私生子，因此有人给他起了绰号，称他为“奥尔良的杂种”。1468 年，当让·德·迪努瓦去世时，庄园依然掌握在他家人手中（尽管庄园从法律上讲仍然是格洛斯特大公的财产），直到 1497 年，庄园才转给康达尔伯爵让·德·富瓦。卡斯蒂永战役（1453 年）过后，法国政局发生了一系列变化，这种变化自然会影响到迪努瓦

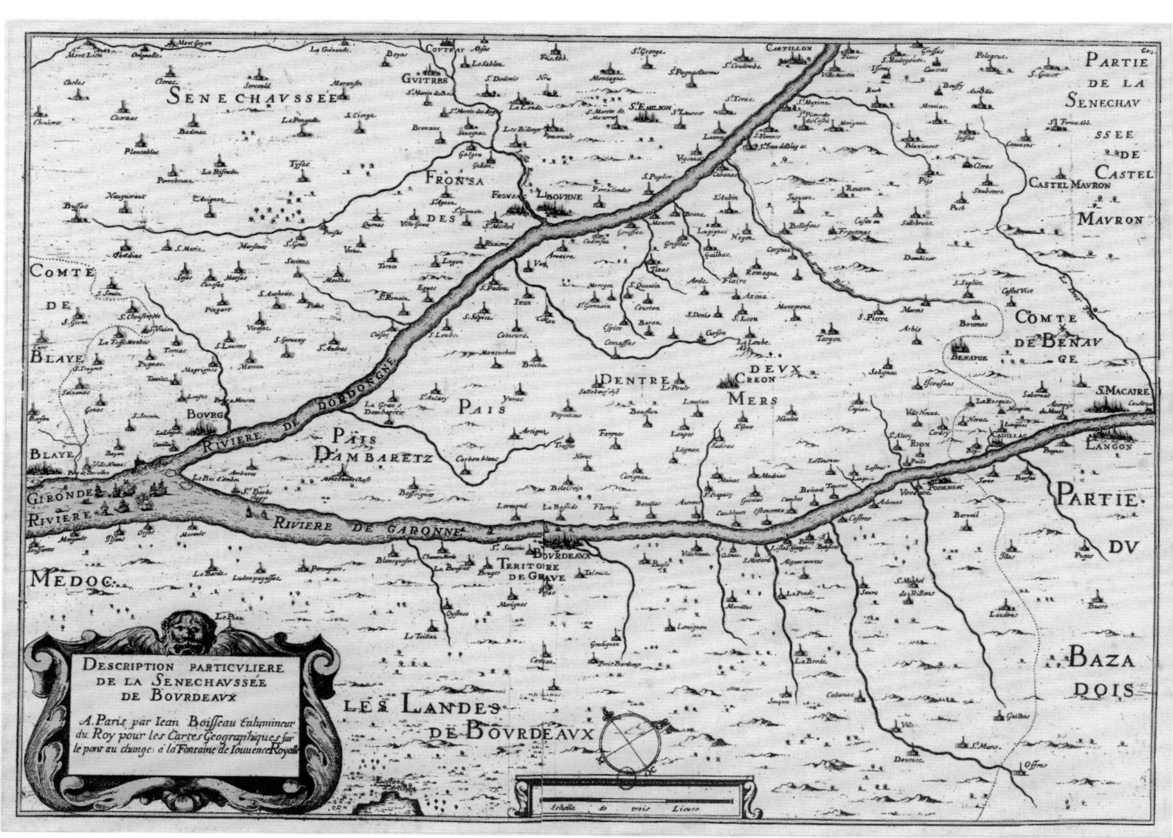

波尔多司法总管辖区图（让 · 布瓦索绘）。

和富瓦家族。波尔多的局势在三年当中一直很紧张，那场战役不过是紧张局势的爆发点罢了。其实法国人在 1451 年就已经把波尔多夺回到自己手中，一支 7000 人的部队在诺曼底战役胜利之后，挥师南下向波尔多进发，与当地的法军会合，对英军固守的要塞展开围攻。与此同时，一支由法国人、西班牙人以及布列塔尼人组成的联合舰队封锁了吉伦特河的入海口，以阻止英军向波尔多城增援。固守几处要塞的英军孤立无援，而且在人数上也处于劣势，最终于 1451 年 6 月 29 日向法军投降。不过在 1452 年初，在波尔多众多亲英分子的支持下，舒兹伯利伯爵约翰 · 塔尔波特重新夺回对波尔多的统治权，但他最后还是在来年 7 月份的卡斯蒂永战役之后彻底丢掉了波尔多，他本人也殒命沙场，这让英国人多多少少原谅了他的失败。

在百年战争中，迪努瓦在法国军队里任上尉，并于 1451 年参加了夺回加斯科尼的战斗。富瓦家族也曾为法国浴血奋战。贝阿恩领主加斯东四世被授予富瓦伯爵的称号（1531 年入主侯伯王庄的商人让 · 迪阿尔德是富瓦人，后来接替他的让 · 德 · 彭塔克也是富瓦人）。尽管富瓦伯爵本人于 1472 年去世，但他的家族在和康达尔联姻后变为富瓦-康达尔家族，这个家族在几百年中一直是阿基坦最显赫的家族之一。

波尔多档案馆里保存的一份文件证明，在 1497 年，“英王亨利将卡斯蒂永、拉玛尔格、木桐、索萨克、卡斯泰尔诺、米尤、比多、居阿萨克、李斯特拉克等领地交予其表弟让 · 德 · 富瓦，此前这些领地曾交予格洛斯特大公汉弗莱”。

让 · 德 · 富瓦的夫人名叫玛格瑞特 · 德 · 萨福克，系康达尔女伯爵，德 · 富瓦后来将土地传给他的侄子亨利 · 德 · 富瓦-康达尔，亨利后来又将土地传给女儿玛格丽特 · 德 · 富瓦-康达尔，玛格丽特由此成为全法国最富有的女性之一，而且也是令人觊觎的待嫁女郎。这些财富最终落入一个名叫让-路易 · 德 · 诺加雷 · 拉瓦莱特的幸运儿之手，让-路易时年 33 岁，享有埃佩农大公称号，他于 1587 年娶玛格丽特为妻。他们生育了三个儿子，在 18 世纪之前，木桐庄园一直是他们家的财产。让-路易 · 德 · 诺加雷是狂热的天主教徒，也是亨利三世国王最信任的宠臣之一，因此有人称他为“影子国王”。

虽然诺加雷很少被人看作是木桐-罗斯柴尔德庄的关键人物，但他却是一纸契约的发起人，而正是这纸契约决定了波尔多葡萄酒的未来，并将木桐庄载入史册。1627 年，在拉罗谢尔遭受围困之际，他结识了一个名叫扬 · 莱赫瓦特（这个名字的意思为“淘空的水”，好像是他特意为自己选的名字，以便于推销自己，他的本名叫扬 · 阿德里安松）的荷兰水利工程师。诺加雷颇为赏识他的能力，要他为梅多克的沼泽地设计一种排水系统。波尔多市议会对这种设想给予高度评价，许多荷兰商人以及土地所有者也对这一设想持赞同态度。议会作出决定，对任何设立排水系统的土地所有者都将在 50 年内免征各种税赋。正是这一水利工程让人们发现那里的土地为沙砾土壤，这一发现对于高品质的葡萄栽培极为重要。

由于夫人娘家既有钱，又是贵族身份，况且夫人还是富瓦-康达尔家族的唯一继承人，诺加雷在婚约上签字同意他们的子女姓富瓦-康达尔，而不随他的姓，这就是为什么在有关木桐的史料上只看到富瓦-康达尔的名字，或许还因为诺加雷并未得到他本应获得的声望，他毕竟为在梅多克地区大面积推广葡萄种植做了许多准备工作。实际上，要是没有这套排水系统，位于波尔多西北方向的半岛恐怕依然是猎人捕杀野猪的猎场，或者是牡蛎养殖场，波尔多地区或许只能评选出侯伯王一家一级庄。

1642 年，诺加雷与世长辞。波尔多阿基坦博物馆收藏着他的陵墓残片（卢浮宫也收藏了部分残片）。最后讲一些有关名流的题外话，依照他的曾孙女安娜 · 卡特琳娜 · 德 · 拉瓦莱特的说法，诺加雷还是奥黛丽 · 赫本的祖先呢。这个好莱坞的话题我们就不再多讲了，还是回到 17 世纪的波亚克吧，那时木桐庄园已传给富瓦-康达尔家族的下一代了。诺加雷公爵和玛格丽特生育了三个儿子，1593 年，玛格丽特在生第三个儿子时，因难产去世，这个小儿子名叫路易 · 德 · 富瓦-康达尔。公爵后来又迎娶第二任妻子安娜 · 卡斯特莱 · 德 · 莫尼耶，他们又生育了一个儿子。无论这个家族多么富有，多么显赫，介入法国的政务多么深，但他们家中没有人在波尔多议会担任议员，因此无法和阿尔诺 · 德 · 彭塔克在议会里共事，那时彭塔克正和英国葡萄酒商人谈生意，并大力培育英国市场。这是否有助于解释为什么在 1855 年列级评选时，木桐庄园未被列级为一级庄呢?

Broakerage accᵗ 1745 — Vintage 1744

					Tˢ	hhds	
Jan.ʸ	3	Messʳˢ Knox & Cope bo.ᵗ of Cormane Maccaux on lees		a 700ˡᵗ	2		12
	3	d.º	Barrau maccau	a 57ˡᵗ	5	2	30
	3	d.º	Laronde d.º	190	8		36
	8	Mʳ Sandilands	Fred.ᵏ le Conte white	a 50ˡᵗ	21		
	8	Mʳˢ Knox & Co.	d.º d.º	a 50ˡᵗ	7	3	
	8	Mʳ Gernon	d.º d.º		1	1	
	9	Mʳ Jordan	Lalane Sᵗ Emilion	a 48ˡᵗ	6		18
	11	Mʳ Johnston	Prior cantenac on lees	325	12	3	72
	15	d.º	Rostan Lallance		2	1	
	15	d.º	Madᵐ Balgerie Moisgnac	200	3	1	
	18	d.º	Bertonneau Marg.ᵃ	a 320	15		96
	18	Mʳ Sandilands	Longueville Sᵗ Lamb.ᵗ	a 500	17	1	102
	24	Mʳ Johnston	Sarazin Monffᵒ	50ˡᵗ	4	2	15
Feb.ʸ	3	Mʳ Johnston	Sᵗ Crick white wines	50ˡᵗ	2		
	4	d.º d.º	Boyer cahors	75ˡᵗ	1	2	
	5	Mʳ Bradshaw	Sᵗ Bris white wine	a 200	2		
	7	Mʳ Sandilands	Brane Cadourne	320	20		120
	8	Mʳˢ Knox & Co.	Brane laine Sᵗ Juliens	350	10		
	8	d.º d.º	aldou Cusac	55ˡᵗ	5	1	15 15
	11	d.º d.º	Chatau Marg.ˣ old			2	
	12	Mʳ Sandilands	chevalin Brane	350	2	2	
	24	d.º d.º	Labat cadourne	340	3	2	18
March	7	d.º d.º	Leoville Sᵗ Juliens on lees	850	8	1	20
	7	Mʳ Gernon	Deloupes Sᵗ Lambert	a 75ˡᵗ	6		
	7	Mʳ Raimond	Deloupes d.º	75ˡᵗ	1		90
	7	Mʳ Germé	Deloupes d.º		11	3	
	9	Mʳˢ Knox & Co.	Daran St. E	450	2		
	11	Mʳ Germé	White cantenac	85ˡᵗ	15		90
	12	Mʳˢ Knox & Co.	Giscours Labarde	380	20		200

CONQUÉRIR LES MARCHÉS

2

赢得市场

葡萄名酒的发展之路始于侯伯王庄，并逐渐延伸到其他一级庄，在这条发展道路上，有一个在波尔多名酒史上不可忽视的重要因素，它就是加龙河。加龙河在越过昂贝斯沙嘴后改称吉伦特河，河水在这儿逐渐变宽，并形成河口湾。在将近 1000 年的漫长岁月里，吉伦特河一直是法国大西洋沿岸的贸易中心。自 12 世纪起直至 19 世纪，波尔多是法国的重要中枢之一，尤其是在 18 世纪初，每年有 3000 多艘船舶驶出港口，向海外输送 14 万吨货物，而在西部沿海的其他港口，从鲁昂、拉罗谢尔直到圣让德鲁兹，每年出港的船舶不超过 2000 艘。

倘若没有吉伦特河的优良港湾，那就不可能将葡萄酒装入泊在沙尔特龙码头的货船，进而运往大西洋。货船进入大西洋后，便朝英吉利海峡驶去，往往会先停靠在布里斯托港，然后继续前往北欧，甚至跨越大西洋，朝美国东海岸驶去。1861 年，匈牙利裔美国人阿格斯顿 · 哈拉斯蒂随船远行，见证了当时繁荣的贸易活动，对波尔多的葡萄酒贸易作了极为生动的描述。应加利福尼亚州州长约翰 · 唐尼的要求，哈拉斯蒂走遍欧洲大陆，考察欧洲各地区的葡萄种植及葡萄酒酿造工艺。他带着州

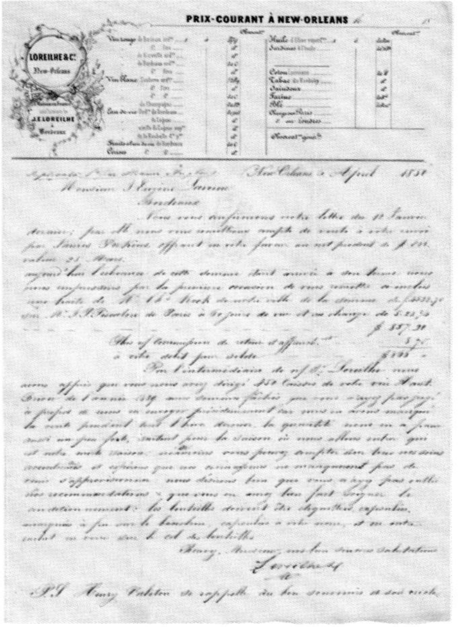
PRIX-COURANT À NEW-ORLEANS

LOREILHE & Cie.
New-Orleans

J.E. LOREILHE
à
Bordeaux

左页：波尔多月亮港。
右图：销售登记簿。

长的引荐信，每到一个地方都获得高级别的接待，考察返美之后，他撰写了一本书，此书于 1862 年出版。

哈拉斯蒂没想到等待他的竟是多舛的命运，不过他还是一丝不苟地去完成自己的使命。他给后人留下了许多内容翔实、描述生动的文字，其中就有描写波尔多沙尔特龙码头繁忙景象的。一艘艘商船泊在港湾处，千帆竞发，极为壮观，每一艘商船上都挂着各自国家的国旗，“绚丽的星条旗在空中高高飘扬，而且高过所有的商船。”他这样写道。第二天上午，他结识了一个名叫阿尔弗雷德·德·吕兹的葡萄酒批发商（吕兹家族于 1897 年因联姻关系在塔斯泰地区安顿下来，家族的后裔如今依然住在波尔多），吕兹带他在沙尔特龙走访了一家制作酒桶的作坊，并告诉他当地人绝不会把最好的葡萄酒放入新酒桶里，要用一年以上的旧桶装佳酿，以免把新木桶的涩味传给葡萄酒。哈拉斯蒂解释说，这些木桶都用于出口。

不过在制作木桶之前，得先有要装入木桶的葡萄酒。尽管每年都有新栽培的葡萄树，而且葡萄品质也有很大的提高，但波尔多地区真是太大了，同当地的葡萄种植者联系起来极为困难，况且由于道路不通，许多庄园都很难进去，尤其是梅多克地区，想进庄园真是难上加难。那里几乎没有路，河流则成了主要的运输渠道。

葡萄酒批发商对这些障碍心知肚明，于是便尽力做好防备，不让临近地区的人随意借用他们的河道。除了沙尔特龙港口之外，所有内陆与外海之间的贸易都是违法的，也就是说，吉伦特河沿岸任何一个小港口都不得与过往的英国商人进行贸易活动。

经纪人

葡萄酒批发商非常清醒地意识到自己的影响力有限，况且又不会说外语，于是只好求助于当地的经纪人，以便在生产者和买主之间建立起联系，并确保葡萄酒能顺利地从生产者那里送达买主手里。这些经纪人往往邀请国外买主来葡萄园品尝葡萄酒，并在双方之间起到翻译的作用（因此经纪人必须熟练掌握英语），还要引导双方进行商务谈判。一旦双方达成买卖契约，他们还要负责处理交易的收尾工作。

经纪人很快就成为波尔多葡萄酒大宗交易的千里眼和顺风耳。在大部分时间里，他们骑着马遍访各个葡萄种植园，尽力去维护与庄园主和经理的良好关系。他们知道谁在投资，谁在放弃自己的葡萄园，谁在补种葡萄树，补种的是哪一个葡萄品种，而且还要不断地去品尝、评鉴葡萄酒。甚至直到今天，葡萄酒批发商仍要依靠经纪人去了解葡萄的生长状况。每年 9 月份到了葡萄采摘季节，或者在全年的任何时候，只要天气预报发出冰雹、暴雨或高温预警，经纪人便拿上笔记本，即刻赶往葡萄园。

从 1408 年起，领主们就开始指定经纪人。到了 1572 年，要想成为经纪人，就必须得是资产者。经纪人每年都要宣誓，承诺绝不做损害国王和波尔多城的事情，绝不未经许可就把外国买主带到波尔多城外去。如果他们不遵守誓言，就要被停职并被开除出经纪人队伍。另外他们还要负责提取葡萄酒样，以确保葡萄酒是货真价实的产地酒。他们可以从中拿到相当于葡萄酒销售价格 4% 的提成。

1572 年，在查理九世的统治下，经纪人受国王直接管辖。那时波尔多共有 40 个经纪人，他们不单单做葡萄酒业务，也做其他大宗商品的出口业务。他们不必是资产者，但必须是住在波尔多城里的居民，要识字，还要有很强的语言表达能力，拥有至少 500 利弗尔的资产。任何私下交易一经发现，他们就会被处以高额罚金，并被吊销经纪人执照。

一百多年过后，1860 年，路易十四颁布敕令，在买卖葡萄酒时，批发商无一例外必须通过经纪人。正如所预料的那样，人们对这个举措反应冷淡，因为在葡萄酒批发商看来，经纪人不过是窃贼，在抢夺他们的谋生手段。抱怨归抱怨，几百年下来，这种局面并没有多大改变。

从爱尔兰到法国

正是在这种局面下，一个名叫亚伯拉罕 · 劳顿的 23 岁年轻人，于 1739 年抵达沙尔特龙港口。他来自爱尔兰的科克港，他和几个兄弟都是葡萄酒买主。亚伯拉罕于 1740 年购买了第一批葡萄酒，并将这批货物发给在爱尔兰的兄弟们。那批葡萄酒还发给其他爱尔兰买主，比如米切尔、狄龙、巴顿、奇尔旺、麦卡锡等家族，其中许多家族在波尔多创出了自己的品牌。两年过后，亚伯拉罕打算去做经纪人。从 1715 年开始，任何想从事经纪人行当的人都必须通过技能考试，面对波尔多工商右页：达尼埃尔 · 劳顿，劳顿家族立足波尔多之后的第七代人，墙上的画像是达尼埃尔的祖先纪尧姆。

会的四位考官，考生要展现自己的能力，一旦通过考试，考生就能获得从业资格证书。亚伯拉罕一下子就通过了考试。

我们看到一幅劳顿的肖像画，他长得胖乎乎的，满面红光，头戴白色假发，而且是当时极为流行的卷发，以此来展现自己尊贵的身份和富态的相貌。尽管他很快就适应了法国的生活，并于 1745 年迎娶了一位名叫夏洛特 · 塞尔福的女子，婚后他们生了 12 个孩子，但在写日记时他仍然用英语，即使到了晚年也没有改变，在记叙玛歌城堡的琐事时，他只用 Castle（城堡）这个词。

波尔多交易所广场上有一家名为加尼肖的文具商，他家制作的皮封笔记本非常漂亮，劳顿就是用这样的笔记本写日记，在其最早的日记本上记载着他的后代不幸夭折的惨痛经历。12 个孩子当中有 7 个先于父母奔赴黄泉，其中有 4 个幼年便夭折了。每个孩子的名字、出生日期、受洗日期、去世日期都清楚地写在笔记本的前几页上，接下去才写日记的正文，把每一笔葡萄酒生意记录下来。

“这真是一件折磨人的事情。”达尼埃尔在回忆家族的往事时这样说道，达尼埃尔时年 81 岁，是亚伯拉罕的第七代孙。“要去波亚克，骑马得走四五个小时，马路上尘土飞扬，而且坑坑洼洼的，经纪人真得有一副好身板，而且还能耐得住孤独寂寞。那时候竞争非常激烈。只要在波尔多城得到了消息，好几个经纪人一大清早就往城外赶，最先赶到庄园的人就能和庄园主商谈收葡萄的事，商谈的条件肯定会对与他本人合作的买主有利。经纪人和买主都在沙尔特龙码头设立办事机构，而且互相紧挨着，所有的人彼此都认识，各自的业务也有所了解。竞争的确是太残酷了。”经纪人要是去梅多克北部或者去圣埃斯泰夫，往往一去就是好几天，甚至好几个星期，因此一年当中他们会有大半时间不在家。

“尽管如此，要是没有经纪人，波尔多不会发展成今天这个规模。在列级一级庄的发展过程中，到了关键时刻，庄园的老板甚至也当起经纪人，让庄园内部的体系运转起来。”达尼埃尔接着补充道。亚伯拉罕很快就以办事可靠、做事专业而赢

得极高的声誉。他儿子纪尧姆不但显露出经纪人的才华，善于鉴赏葡萄酒的品质，而且和他父亲一样把详细信息都写在日记里，而日记正是经纪人赖以生存的工具，因为他们要把气象条件、葡萄树龄、葡萄采摘日期、葡萄产量、市场价格、库存量等都详细记下来。子承父业，他不愧是父亲的好儿子。如今，他的后代依然在延续这个传统，我们能看到，他们把几十年的气象记录装订成册，命名为“时代的气息”（L'Air du temps）。

1759 年 4 月 1 日是个星期日，纪尧姆·劳顿出生了，他是劳顿家的第五个儿子，也是唯一长大成人的儿子，他后来成为那个时代的传奇人物。塔斯特–劳顿公司的办公室里挂着纪尧姆的一幅肖像，肖像是他的孙女画的，展示出一位充满年轻活力、体格健壮、质朴淳厚、头发茂密的爱尔兰人形象，那漂亮的棕红色头发是爱尔兰人所特有的。他是信得过的经纪人，而且效率极高，从而在行业里赢得很高的声望，他于 1815 年开始对波尔多葡萄酒实行列级法，是最早推行这一方法的经纪人，列级是以葡萄酒庄为基础，并参照各庄园在市场上的销售价格来排定名次。四家最古老的一级庄当时已经赫然在列。

½ Vin 1er de M. de Lavau St. Estephe, a 240f a

½ Vin 1805 de Mrs Vanderwerk freres d'Egmont & Co a 6

½ Vin d° .... d° .... a d°

¼ Vin d° .... d° .... a 5

. Vin 1811 tirés, de M. Guttes, cru d'arboucave a 170f

Vin d° surlié ____ d° ____ d° ____ a 165f

Vin d° d° ____ d° ____ d° ____ a d°

Vin 1803 de Mrs Cabarrus, Et Co, a 1300f a 3f

Vin 1807 de M. Lory a 1800f a 2f d°

i d° .... d° .... a d° .... d°

i d° .... d° .... a d° .... d°

d° .... d° .... a d° .... d°

1811 tirés, de M. Camescasse Lasouis, a 150f a 3f

805 de Mrs Guilhem, Et Pettersen, a 1000f a

811 Surlié de Lafitte de M. Goudal, a 800

.... d° Chateau Margaux de M. Lacolonie

— d° Latour, de Mr Lamothe

.. d° Laroze St Julien

d° de Mme D'Abbadie

d° de M. Montalon

ers de M. Perrier

lié de M. Tresc

de M. Caue

i de M. B.

La 2 F°	Wilhelmi		"
	Frion		"
La 2 F°	Duhéron		24
3 F°	Albrecht		27
F°	J. B. Metzler		"
F°	Bethuzeau		30
	Duhéron		"
	Albrecht		"
	Lassabathie		31
	harmeusen	février	3
	Fre Metzler		"
	Bracht		"
	harmeusen		"
	Mautz		"
			"
			5
			"
			"
			"
			"

如今，亚伯拉罕·劳顿的后代及其同事们正依照 1949 年 12 月 31 日颁布的法令行事，法令禁止经纪人倒买倒卖葡萄酒，只允许经纪人起牵线搭桥的作用，不得偏向买卖双方当中的任何一方。为此，他们的佣金将被限定在购买价格 2% 的水平上，佣金由酒商来支付。在城堡里签署的第一笔生意，佣金由庄园主代扣，以后每次与酒商做成一笔生意，比如将葡萄酒卖给当地市场或海外客户，经纪人都能得到佣金，因此最能干的经纪人往往是波尔多城最不显山露水的富人。

在经纪人看来，列级一级的酒庄不仅仅是巨大的收入来源（按标有酿造年份的葡萄酒平均价格的 2% 来计算，相当于从每个酒庄获利几百万欧元），而且还是波尔多城这座大厦的顶梁柱。各批次的葡萄酒先分配给批发商，再由批发商分配给各个买主，整个体系就是这样运作的。因此，葡萄酒卖得很快，而且销往全世界，批发商都来争抢这块大蛋糕，这让葡萄酒的价格总是维持在高位，至少从理论上看是这样。当然时不时也会发生一些变化，在发生变化时，整座大厦会面临倾覆的危险，不过这个体系会迅速作出反应，让价格既不过于虚高，也不会跌得太狠，涨跌完全依市场需求来变化。经纪人很少离开波尔多，因为他们的主要业务就是针对市场给酒庄提出合适的建议，帮助酒庄去甄别最有实力的批发商，鉴别哪些是最应开发的新市场。他们自然也就处于这一全球化体系的核心位置上。

不过，一级酒庄往往只和三四个经纪人合作，经纪人帮助他们将葡萄酒分配给 40—50 家批发商，其中大部分商家已在此行当里做了几百年（比如劳顿家族），其中不乏赫赫有名的商家，如西塞尔、巴顿、贝耶尔曼、约翰斯顿等，单单这些如雷贯耳的名字就能让人感觉到，海外批发商对波尔多葡萄酒的发展产生了多么大的影响。在 18 世纪，所有的葡萄酒批发商都驻扎在沙尔特龙码头，紧邻经纪人，便于随时装船发运货物，而且出入码头附近的大型仓库也很方便，因为大型仓库都建在河岸边，用建筑石材搭砌而成。目前只有为数不多的几个商家还驻扎在那里，大部分商家都已迁往周边地区，那里的租金更便宜，葡萄酒的贮存条件也更好。

如今，批发商可以直接向庄园主人提出各种建议，因为他们每年能和主人见上几次面，并把他们最重要的客户带到庄园来品尝葡萄酒，并聚在一起吃晚餐。他们也到国外去拜访客户，为庄园组织晚宴，试探一下不同市场的需求，以便把市场信息转达给波尔多的相关人员。这种做法已经持续了几百年，但最终选择哪一家批发商，仍然是由城堡主人和经纪人在商谈过后才能决定。

每一家被选中的批发商都会将自己拿到的葡萄酒分配给最好的客户，分配的数量可以从 2—3 箱到 1000 箱不等，能拿到 1000 箱的毕竟只是极少数，比如像贝瑞兄弟与洛德商号这样的客户，这家酒商已同波尔多做了三百多年的生意。接下来，波尔多的批发商及老客户才会大批量购买次等庄园的葡萄酒，希望以此能赢得一级酒庄的信任，因为只要傍上一家一级酒庄，就能得到声望和好处。

在亚伯拉罕 · 劳顿那个时代，葡萄采摘过后不久，一级酒庄便把葡萄酒装入橡木桶里卖出去，然后由酒商或客户自己把酒灌入酒瓶里（当葡萄酒需要装瓶的时候）。赶上好的葡萄收获季节，经纪人便纷纷涌向庄园，为自己的客户预订葡萄酒，不过要是遇上不好的年份，倒是庄园主人在焦虑地盼着客户前来洽谈生意。如今，大客户会提前很长时间就把订单下给庄园，甚至提前两年就把葡萄酒钱给付了。从那时起，他们就会带着几分不安的心情，希望庄园能生产出足够多的葡萄酒，以满足他们的批量要求。

上图：达尼埃尔 · 劳顿。
页 94 ~ 95：吉伦特河港湾。

Aux Citoyens Membres du Comité de Surveillance

Citoyens

Joseph Fumel, agé de 74 ans, accablé d'infirmités est détenu depuis cinq mois dans les prisons, sa détention étoit necessitée sans doute par les circonstances, il ne s'en plaint point; tranquille a ce sujet, il a eu sa faveur deux témoignages puissans, celui de sa conscience qui ne lui reproche rien, et celui de tous ses Concitoyens, qui, s'il est nécessaire s'empresseroient, il ose s'en flatter, de rendre la justice duë a ses sentimens et principes toujours constans et invariables pour le bonheur de sa patrie, celui de son gouvernement, la prosperité de la République et le succès de ses armes.

Des l'instant que la révolution s'annonça, fort de ses sentimens comme de l'estime et de l'amitié de ses concitoyens il en reçut une preuve flateuse et la plus glorieuse.

Dans le mois de Juillet 1789. (vieux stile) la garde Nationale de Bordeaux délibera sur les moyens de sureté a prendre rélativement au fort Trompette; les Citoyens de la Cité, dans une assemblée tenuë a ce sujet, a laquelle l'exposant fut appellé s'en rapporterent a sa parole et loyauté; aussitot a la satisfaction de l'assemblée il donna l'ordre que l'entrée de ce fort fut ouverte de jour et de nuit a toutes les patrouilles de la garde Nationale.

Au commencement de l'année 1790. ses Concitoyens le nommerent d'une voix presqu'unanime a la place de Maire de Bordeaux.

L'exposant ne retrace ces deux faits dont il s'honnore que pour éclairer, Citoyens, votre justice et vous convaincre que dans tous les tems il a toujours desiré et formé des vœux pour le plus parfait bonheur de ses compatriotes.

Son Civisme, sa conduite, ses principes connus n'offrent pas l'incertitude du doute a cet égard; il a contribué avec zèle et empressement autant que ses facultés et moyens lui ont permis a accélerer un bonheur qu'il desiroit sincerement.

Citoyens, l'exposant vous prie d'approuver qu'il mette sous vos yeux une notte de ses actes de Civisme, justifiés par preuves, qu'il a exercés pendant sa residence

[illegible] qu'il a quitté cette ville, pour de

RÉVOLUTION

3

法国大革命

3

-法国大革命-

当法国大革命波及波尔多时，一级酒庄早已站稳脚跟，成为当地葡萄酒市场上呼风唤雨的首领，庄园的主人也从18世纪温和平静的生活中获得许多好处。然而，撼动整个法国的一场场政治突变给予他们当头棒喝，也让他们的贵族地位遭到猛烈的冲击。当局势恢复平静时，五家庄园里有三家没了主人。

那时候，波尔多所遭受的政治报复尤其残酷，皆因波尔多城站在吉伦特派一边，吉伦特派曾狂热地支持1789年的起义，但从1790年起，他们却被看作是大革命的敌人。虽然波尔多议会的大多数议员和吉伦特派并没有任何关联，但所有的议员都遭到指控。波尔多的贵族阶层大约有800户人家，其中将近一半在19世纪初从这个世界上消失了。

79位贵族被送上断头台，其中36人为议会议员。408名贵族流亡到了国外，其中大部分人跑到西班牙去避难，而留在波尔多的人不是被剥夺贵族身份，就是被课以重税，最终要彻底抹掉他们对以往生活的念想。

反之，在法国旧制度统治下的最后几年里，波尔多呈现出一派繁荣昌盛的景象，五家一级庄从中受益颇深。在伦敦，那家名为“彭塔克头像（The Pontack’s Head）”的酒店一直开到1780年才停业，此时距弗朗索瓦-奥古斯特·德·彭塔克去世（1694年）已过去将近90年，彭塔克以“酒店老板”的头衔入选“英国名人录”。彭塔克为人慷慨豪爽，并有超凡的影响力，直到去世，他一直享有很高的声望，这或许就是他死后虽没有子嗣，但却留下许多债务的原因。尽管如此，他那波尔多庄园的声望已名扬四海，在他侄女泰蕾兹·彭塔克以及外甥路易-阿尔诺·勒孔特的共同管理下，庄园依然在持续发展。

也就是在那个时候，拉菲和拉图的处

左页：尼古拉-亚历山大·德·塞居尔的肖像。

境也有所改善。尼古拉－亚历山大·德·塞居尔于1697年10月20日在波尔多出生，他是亚历山大和玛丽－泰蕾兹的独生子。在他父亲于1716年去世时，这个年轻人才刚满19岁，他不但继承了父亲所担任的波尔多高等法院庭长的职位（这种职位的世袭制在法国大革命后被废止），而且还把拉菲和拉图庄园也继承下来。两年过后，这位年轻的侯爵从富瓦－康达尔家族手中购得木桐庄园，但仅仅过了两年，他就把木桐庄园转卖给约瑟夫·德·布莱恩。尽管如此，这次收购还是让木桐庄获益匪浅，从那时起，波尔多的酒商便带着几分敬意，对木桐庄刮目相看。木桐庄的葡萄酒价格也开始涨上来，虽然同其他几家一级庄相比，价格上还是有差距，但很快就与二级庄里最好的葡萄酒价格不分伯仲了，比如二级庄里隆格维尔的碧尚葡萄酒。

疯狂的种植

约瑟夫·德·布莱恩是王室参事贝尔特朗·德·布莱恩的儿子，从购入木桐庄之日起，约瑟夫便雄心勃勃，立志要成就一番大事业。他很快就将庄园改名为布莱恩－木桐，并在庄园里搭建葡萄栽培设施。在购入木桐庄园之前，庄园里肯定已有多片葡萄园（诺加雷和玛格丽特·德·富瓦－康达尔结婚时就已明确证实这一点），但他还是不遗余力地去扩大葡萄种植面积。实际上，那段时间波亚克地区的显著特征就是疯狂种植葡萄树，这似乎也表明，人们清醒地意识到，在波尔多种植葡萄是可以盈利的。

在木桐男爵领地里，只要有土地出售，约瑟夫便去购买。作为波尔多最高法院的推事，他把自己所有的财产都投到葡萄园里了。当他于1769年去世时，庄园已能生产足够多的葡萄酒，并用酒桶来支付附近领地的狩猎权益及其他债权。尽管如此，烦恼还是随之而来：约瑟夫的妻子伊丽莎白·迪瓦尔发现，丈夫去世后，大部分佃农都拒绝支付佃租。面对这一局面，她只好出钱请了一位名叫穆塔迪耶的公证人，来帮助她处理这件事，与此同时，她还给

右页：将木桐领地分封给布莱恩男爵的文件（原件）。

LES CHEVALIERS PRE'SIDENS, TRESORIERS DE FRANCE; Généraux des Finances, Juges du Domaine du Roi, & Grands Voyers en la Généralité de Guienne; A tous ceux qui ces présentes Lettres verront: Salut. Savoir faisons, qu'à la Requête du Procureur du Roi, s'est présenté pardevant Nous *Joseph de Brane Ecuyer Baron de Mouton*

en conséquence des Lettres de Chancellerie, datées du *douze avril du present mois* Signées par le Conseil *Meffoure* [?] & scellées, assisté de Me. *Lafon* son Procureur, lequel en présence dudit Procureur du Roi, étant ledit *Brane* tête nue, les deux genoux à terre, sans ceinture, épée ni éperons, tenant les mains jointes, a fait & rendu au Bureau les Foi, Hommage & Serment de fidélité qu'il doit & est tenu de faire au Roi notre Sire LOUIS XV. Roi de France & de Navarre à présent regnant, pour raison de *la terre et seigneurie de Mouton avec ses*

appartenance & dépendance, située *dans la parroisse de Pauliac seneschaussée de Bourdeaux*

relevant de sa Majesté, à cause de son *Duché de guienne* Et après avoir promis & juré sur les Saints Evangiles, d'être bon & fidele Sujet & Vassal du Roi, ainsi qu'il est porté dans les Chapitres de fidélité vieux & nouveaux, & de satisfaire à toutes les obligations auxquelles sont tenus les Vassaux de sa Majesté, de payer tous les Droits & Devoirs Seigneuriaux qui pourroient être dûs, même & par exprès, les profits de Fief, depuis les jour de la Saisie féodale, si aucune a été faite, si le cas y échoit, sous lesquelles obligations ledit Vassal a été par nous investi *de lad. terre et seigneurie* à la charge d'en fournir son aveu & dénombrement dans les quarante jours portés par l'Ordonnance, lui faisant main-levée pour l'avenir des fruits desdits biens saisis faute d'Hommage non rendu; sans préjudice des Lods & Ventes, Redevances, & autres Droits & Devoirs Seigneuriaux. FAIT à Bordeaux au Bureau du Domaine du Roi en Guienne, le *dix sept* jour de *avril* mil sept cent *soixante neuf*

Chaperon *Lozet* [?] *peyronnet* *[illegible]*

Poliart [?] *[illegible]* *Pr. du Roy*

Brane hommage

Lafon

国王写信，恳求帮助，要国王确认她在这块领地上享有应得的权益。国王给她一个满意的答复，并于1769年6月17日签署了一份文件，在署名处写着："上帝慈悲为怀，法兰西及纳瓦尔国王路易"（原文为："Louis par la grâce de Dieu，Roi de France et de Navarre"），这份珍贵文件现在保存在波尔多档案馆里。在随后的几年里，公证人的发票越来越多，这表明伊丽莎白·迪瓦尔和她的儿子埃克托尔不但收到了佃租，而且还向其他领主支付了租金，并把相应的报酬支付给穆塔迪耶先生的遗孀。那时候，各领地之间的交易几乎都是用葡萄酒桶（新旧均可）或现金来支付，现金通常是用银币。

葡萄园王子

在卖掉木桐庄园之后，塞居尔侯爵返回拉菲和拉图庄园，他打算为仍掌握在自己手中的庄园好好庆祝一番，不仅要在伦敦的酒店里庆祝，在法国也要搞庆典活动。

对于波尔多庄园为自产葡萄酒举办庆典的事，法国王室还真不是那么上心，因为在王室看来，波尔多葡萄酒似乎"英格兰味"太足了。况且，巴黎距离波尔多又十分遥远，中间还隔着许多封建领地，频繁的争斗也让这些领地主苦不堪言。18世纪初叶，一直在和香槟省竞争的勃艮第得到国王的青睐，成为王室最喜爱的葡萄酒产区。勃艮第紧靠首都，而且和首都有着密切的商业往来。

尼古拉-亚历山大并不灰心，1720年初，他想方设法将两座庄园出产的葡萄酒呈献给路易十五国王。蓬巴杜夫人很快就认可接纳了这款葡萄酒，如同此前60多年侯伯王葡萄酒征服英王查理二世那样。对于塞居尔侯爵来说，展开这种魅力攻势并不需要花费太多的心血，在路易十五那奢靡风盛行的王宫里，塞居尔侯爵如鱼得水。既然作为波尔多最富有的人早已名声在外，他倒也乐于摆出富豪的做派给大家看。他在巴黎有一座公馆，常常在凡尔赛宫里露面（路易十五在王宫里不止一次称他为"葡萄园王子"），并且开始大

左页：玛歌城堡的厨房。
页104~105：玛歌城堡。

规模向梅多克葡萄种植地投资。

其实一级庄的所有主人都过着这样的生活。他们都是贵族（拉菲和拉图庄主是侯爵，木桐庄主是男爵，侯伯王和玛歌庄主是伯爵），并从自己的土地上获取极大的财富，有人估算塞居尔手中 86% 的资金来源于他的两座庄园。因此他们花费巨额财富来装饰城堡，在城堡内组织各种接待活动，也就不是什么稀奇的事情了。波尔多历史学家米歇尔·菲雅克发现了许多描写他们日常生活的有趣细节，其纸醉金迷的生活可略见一斑。比如城堡里所用的床具就是奢靡生活的明证：在旧制度时期，床具算是最昂贵的家具，主人用的床具大概要花费 300 利弗尔（比一位神甫的年俸还高 20%），仆人用的床也要花费 50 利弗尔。

那时候，人们主要是靠壁炉来取暖，而有钱人往往用烧木头的炉子取暖，因此床具就变得十分重要。一级庄的主人只睡带镂花华盖的床，床上要铺两个床垫子，再配上羽绒枕头、床单、羊毛被子，还要铺上厚厚的缎子或塔夫绸床罩。在侯伯王庄，菲梅尔伯爵有 300 套床单和被子（现存的文件没有提到他的枕头，那时候肯定有枕头，虽然 18 世纪以来人们很少再提枕头）。

在波亚克，德·塞居尔先生的庆典活动真是惊天动地。单单成套金属厨具的清单就能开出长长一列，如同卧室床具那样令人瞠目结舌。在一级庄的城堡里，厨房都非常大，各种用具琳琅满目，竟有上百种之多，小锅、烤肉旋转铁叉、菱形烧鱼锅等都是必备的用具。有人酷爱家禽和雪鹀，雪鹀一抓就是上千只，然后放到黑暗的房间里，用燕麦和黍子喂养，一直养到可以宰杀食用。宰杀后，将雪鹀浸渍在阿玛尼亚克烈酒里，然后再烤熟，将雪鹀脚剁掉之后，即可整只食用。在法国大革命之前，这道菜名气极大，人们竞相品尝。不过，到今天，吃这道菜并不违法，但捕捉雪鹀则是违法的事。大家都知道，弗朗索瓦·密特朗临终前就吃了这道菜，以至于在他去世后，公众对此议论纷纷。

拉菲和拉图分道扬镳

能把两座城堡掌握在自己手里，塞居尔感觉妙不可言，但在法国大革命之前，这种局面就有了改变。尼古拉-亚历山大生育了四个女儿，当他 1755 年去世时，家产拆分给家族的几个支系。他的长外孙尼古拉·德·塞居尔成为拉菲庄的唯一主人，并负责赡养尼古拉-亚历山大的长女玛丽-泰蕾兹，另外三个女儿则成为拉图庄的主人。

这次分割标志着一场变革由此展开，变革不单单体现在庄园的管理上，而且体现在销售战略上。那时候，两座庄园都是由一位名叫叙斯的当地公证人来管理，在把两个庄园的葡萄酒卖给波尔多的批发商时，叙斯采用同样的价格。劳顿家保存的档案也确认这样一个事实：1757 年 12 月 16 日，亚伯拉罕·劳顿在登记簿中记录了一笔交易，他以每桶 1300 利弗尔的价格分别从叙斯-拉图庄和叙斯-拉菲庄购入葡萄酒，两家庄园的价格完全一样。几十年过后，两家庄园依然以同样的价格销售葡萄酒。

叙斯继续在拉图庄履行管理人的职责，直到 1774 年才卸任。而在拉菲庄，一位名叫多芒热的人接替叙斯来管理，但得到实实在在好处的却是拉图庄，因为在分割之前，塞居尔家族已把全部心血都花在拉菲庄上，拉菲庄出产的葡萄酒要比拉图庄多三分之一（在 17 世纪 50 年代，拉菲庄年均产 107 桶酒，而拉图庄年均产 70 桶）。这种局面此后有了很大改观，因为拉图庄园的葡萄种植面积由 1759 年的 38 公顷扩大到 1794 年的 47 公顷。

当然还有一些其他因素也有利于拉图庄园：三个主人当中只有一人受到政治事件的牵连，他就是塞居尔-卡巴纳克伯爵，而其他人（主要是德·拉帕吕伯爵和德·博蒙侯爵）则大难不死，躲过一劫。塞居尔-卡巴纳克所拥有的资产被转卖给让娜·库尔饶勒-土伦，她是波尔多一位名医的遗孀，不过庄园还是由多芒热来管理，且不受国家管控，拉图庄从未宣布自己是国有企业。

然而，在这场大革命当中，拉图庄并非毫发无损。接替多芒热管理庄园的普瓦特万详细地描述了他花费多大心血，克服多少困难才让葡萄园恢复到以往的水平，并将拉图庄的葡萄酒维持在高价位上，他知道拉图的葡萄酒值这个价钱，所有这一切他做得很成功。由于继承者家族人丁兴旺，于是在 1842 年，他们决定成立拉图城堡葡萄种植实业公司（并不是贸易公司，此类实业公司在法国为第一家），这个仅由家族成员组成的公司一直运营到 1962 年，这时距离亚历山大·德·塞居尔与玛丽-泰蕾兹·德·克洛泽尔成婚（1695 年）已经过去超过 250 年。在这个相对稳定的时期，木桐庄一直伴随在拉图庄左右，这主要是因为那里没有更好的庄园可以和木桐庄联手发展。埃克托尔·布莱恩虽然保住了性命，但还是被向贵族征收的沉重税赋弄得破了产。共和十一年（1802 年），吉伦特省发布一份清单，列出省内纳税最多的 600 位公民，其中有 170 人是贵族，其余的人则大多是批发商、地主、医生等。在这份清单上排列在第二位的就是埃克托尔·布莱恩，他的土地被课以 8792 法郎的高额税费（利弗尔已于 1795 年被废止）。

拉菲庄这一边则在 8 年当中换了两任庄园主，先是尼古拉·德·塞居尔，他因赌博欠下巨额债务，不得不在 1786 年以 88 万利弗尔的价格将庄园卖给他的表弟尼古拉·皮埃尔·德·皮沙尔，3 年过后，法国大革命爆发。

皮沙尔是法官兼律师，自 1760 年起任波尔多高等法院庭长，他利用自己丰富的司法知识，使用自己的血统赎买权[1]，从表哥手中购得拉菲庄。他也是当地最有钱的富人之一。除了在波亚克和索泰尔纳的葡萄庄园外，他在朗德还有一处农庄，农庄里饲养着 143 只羊、24 头奶牛和 16 头公牛，在波尔多城米哈伊街还有一所豪华公馆。若拿全套厨房设备、各种卧具以及家庭必备物品来对比的话，他显然是最有气派、最讲究的庄园主。比如在波尔多的公馆里，他有 13 套餐具，314 只盘子，还有 1 个酒窖，里面装满了香槟酒、麝香葡萄酒、波特甜酒、雪莉酒、马沙拉葡萄酒，当然还有波尔多地产葡萄酒。

最后一个回合

当法国大革命蔓延到波尔多时，所有这一切都拯救不了皮沙尔。而且，拉菲庄园的葡萄也遭受到毁灭性的打击（整个法国连续几年收成锐减，引起国民强烈不满，进而引发暴动），皮沙尔尚未从自然灾害中缓过劲来，便被革命势力逮捕入狱。他的土地和财产也被没收，总价值当时估计超过 100 万利弗尔，1794 年 6 月 30 日，他和夫人一起被推上断头台，那时全法国正处于恐怖统治最血腥的时期[2]。拉菲庄变为国家财产。

[1] 血统赎买权是指在一年零一天内，逝者亲属有将逝者生前卖给第三方的资产赎买回来的权利，有关赎买权的法律已于 1790 年被废除。

[2] 指法国大革命时期从 1793 年 5 月至 1794 年 7 月这一时段。

运气也不再眷顾侯伯王庄以及玛歌庄的菲梅尔家族。这两座庄园自 1749 年起便成为约瑟夫·德·菲梅尔的资产，菲梅尔是莱斯托纳克家族的后裔。作为军官，他因立下赫赫战功而被授予爵位。1773 年，他被任命为特龙佩特城堡的总督，城堡是在百年战争结束后建起来的要塞，以防备英军再来侵犯。这在 18 世纪应该算是一座大型军事设施，用来保护出海的港口，因为波尔多城贸易量和财富一直在不断增长。不过这座城堡在法国大革命过后不久，即在 1818 年就被拆掉了，如今在城堡的原址上已改建成梅花广场。

1781 年，菲梅尔被授予圣路易大十字勋章[1]。也就是在那时候，托马斯·杰斐逊[2]多次前往波尔多参观，尤其是参观了侯伯王庄园。他第一次参观侯伯王庄是在 1787 年 5 月 25 日，即法国大革命爆发前两年，参观过后，他给妻弟弗朗西斯·埃普斯寄去几瓶 1784 年份的葡萄酒，说那是“波尔多侯伯王庄最好的葡萄酒”。有意思的是后来列级为一级庄的葡萄庄园都引起了他的注意，他对每一家都给予很高的评价，并把各家出产的葡萄酒各寄几瓶给埃普斯家。

菲梅尔对自己这两座庄园非常上心，甚至撰写了一本葡萄种植手册，也算是 18 世纪最重要的葡萄种植手册之一吧。他还耍了一点手腕，解决了家族当中勒孔特支系的问题。他将“新酒窖”划给勒孔特，这是庄园里的一块区域，包括一所房子和几片葡萄园。这事处理完毕后，他马上着手对庄园里属于自己的那部分进行改建、扩建，又给城堡扩出了好几幢附属建筑，并重新规划和修整了公园和花园。

他对路易十五国王忠心耿耿，从而引来不少麻烦，这些麻烦甚至波及他的女儿。由于国王健康状况愈来愈糟糕，杜巴利伯爵夫人打算在国王去世后找一个靠山，于是便决定让弟弟让-巴蒂斯特·纪尧姆·尼古拉去迎娶玛丽-露易丝·伊丽莎白·菲梅尔。这位小伙子未来的岳丈倒也乐于联姻，甚至还把让-巴蒂斯特任命为特龙佩特城堡的总督，不过他并不急于把女儿嫁出去，后来国王本人亲自过问这桩婚事，并向他女儿赐婚。尽管如此，菲梅尔家族一直不同意让女婿用他们家的姓，即使在

[1] 系根据路易十四国王于 1693 年 4 月 5 日颁布的敕令而设立的荣誉勋章，以奖励最英勇善战的军官。

[2] 托马斯·杰斐逊（1743—1826）：美国第三任总统（1801—1809），曾于 1785 年至 1789 年间作为外交使节常驻法国。

CHATEAU HAUT-BRION
PREMIER GRAND CRU
CONTROLÉE
AU CHATEAU
A PESSAC, GIRONDE

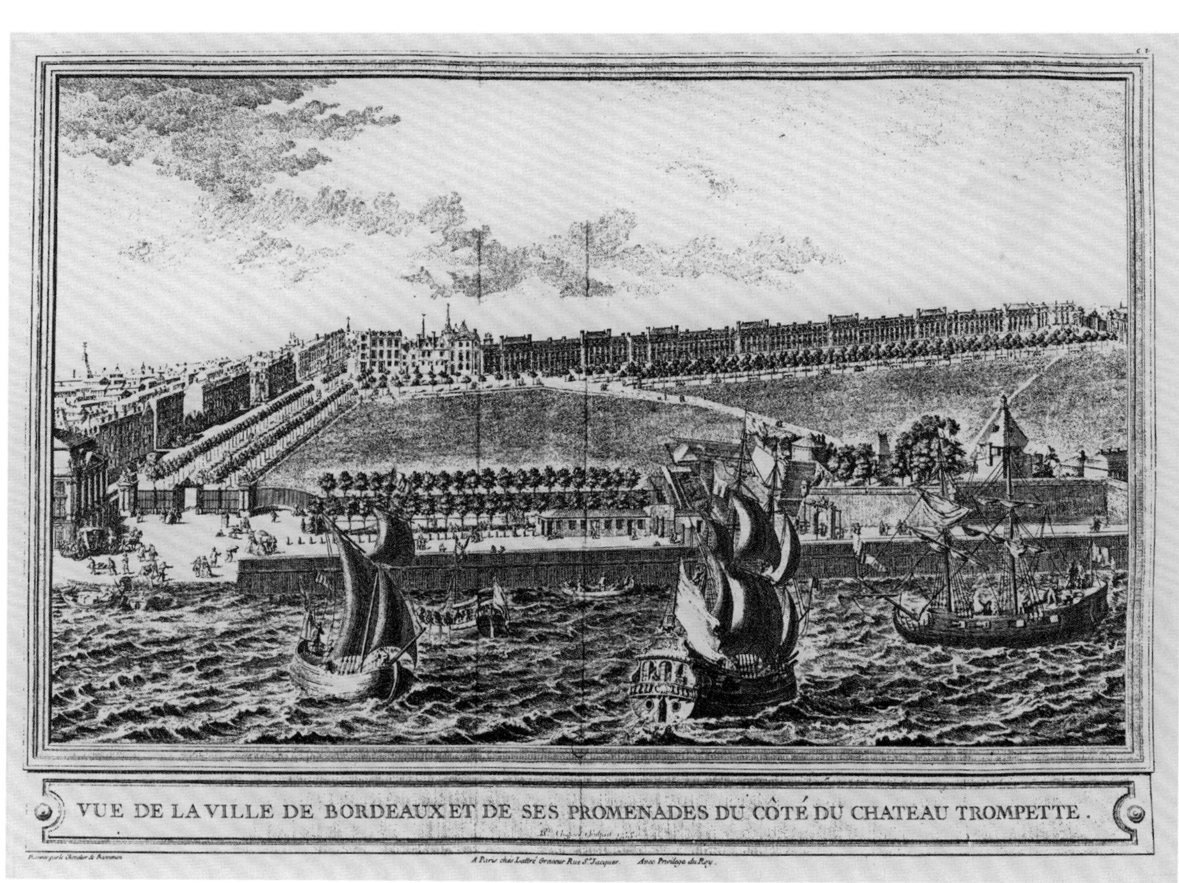
VUE DE LA VILLE DE BORDEAUX ET DE SES PROMENADES DU CÔTÉ DU CHATEAU TROMPETTE.

特龙佩特城堡的步行道（18 世纪，肖法尔创作）。

国王于 1774 年去世后，也还是不同意，后来女婿只好用岳母娘家阿尔基古尔的姓。菲梅尔虽然和王室关系密切，但在法国大革命初期，他依然受波尔多民众喜爱。在巴黎民众攻打巴士底狱时，他支持巴黎民众，并辞去特龙佩特城堡指挥官的职务，将自己手中的金子都熔化掉，分发给穷苦人家。1790 年 2 月 19 日，他被推选为波尔多市长，不过第二年他便辞去市长职务。他可能已预见到，对贵族而言，以后的局面将会十分艰难。

于是，他隐退到侯伯王庄园里。1793 年，恐怖浪潮从巴黎南下，席卷波尔多。以嗜血成性的让·弗朗索瓦·德·拉孔布为首的革命委员会逮捕了菲梅尔，将他投入监狱，而且把侯伯王庄园也给没收了（拉孔布让他的情妇接管了庄园）。

菲梅尔被逮捕的罪名是涉嫌保护叛乱的神甫，不过 82 户佃农也告发他，但这些人并不是佩萨克的佃农，而是更靠近南边阿让奈地区的佃农。1794 年 7 月 27 日，在波尔多多芬广场上，面对无数狂热的民众，菲梅尔被推上断头台，多芬广场后更名为革命广场，现名为甘必大广场。三天后，他的女儿玛丽-露易丝也遭受同样的厄运。他给侯伯王庄的管家吉罗留下许多指令，告诉管家“当我不在家时”，葡萄树该怎样去剪枝，什么时候剪枝，什么时候采摘，采摘时要雇用多少短工，要付给他们多少工钱，如何去维护城堡及其附属建筑，这些指令读来令人心碎。

让-巴蒂斯特自从娶了玛丽-露易丝·菲梅尔之后，改称阿尔基古尔伯爵，正是这场婚姻让他死里逃生，但他并未对妻子的娘家表示出更多的谢意。当革命刚刚爆发时，他便逃往国外，将妻子和岳父丢给革命势力。在菲梅尔被斩首的第二天，罗伯斯庇尔在巴黎被赶下台，四天过后，波尔多革命委员会的成员都被逮捕并被砍掉脑袋。然而，对侯伯王伯爵菲梅尔来说，这一切来得太迟了。

后革命时代

对于一级酒庄来说，法国大革命是一个转折点，读过前文的描述，大家对此也就不感到惊奇了。有些人能够死里逃生、躲过一劫，表明他们过去有很强的影响力。侯伯王庄连同玛歌庄后来又归还给菲梅尔家族，在此后几年当中，两座庄园依然归原主人家族所有，即归还给伯爵的侄女洛

5

Aux Citoyens
Composant le comité de Surveillance
de la Ville de Bordeaux

Citoyens.

Le citoyen Joseph Fumel, detenu dans les prisons de Bordeaux depuis environ trois mois, vous expose que les scellés apposés chez lui l'empechent d'y faire prendre des fonds pour le payement des gardiens desdits scellés et ouvriers de qui la fortune ne permet pas d'attendre; il vous demande la levée de ces mêmes scellés afin d'y faire prendre les fond suffisants pour acquitter le salaire de ces differents ouvriers.

Joseph Fumel

j'autorise le cytoyen [illegible] pour faire payer les gardes du scellé ainsi que les autres ouvriers. [illegible] mes besoins. Joseph Fumel

尔，洛尔于 1795 年嫁给埃克托尔·布莱恩男爵。起初，她尽力想把两处庄园都管理好，但大革命让金融市场动荡不已，货币变得极不稳定，许多人都想通过购买被国家没收的资产来发财，由于指券[1]飞速贬值，谁也不想把指券留在手里。因此，谁要打算购买资产就必须先用现金支付资产总额的四分之一。这着实让洛尔陷入极大的困境，因为大难不死的贵族应缴纳的税费越来越多了。

当时在波尔多能拿得出钱去购买资产的人也就只有沙尔特龙的批发商了。1796 年，洛尔转而去找他们当中的一个团体（亨利·马丁、达尼埃尔·盖捷、罗伯特·福斯特以及约翰斯顿家族），说服他们达成一项为期 15 年的租赁合约，将玛歌庄园租给他们，合约于 1811 年到期。与此同时，吉伦特省也把侯伯王庄园归还给洛尔、她弟弟以及她的堂弟庞斯-马克西姆，此外，吉伦特省还给菲梅尔平了反。

尽管如此，洛尔还是无法同时管理两座庄园，在诸多原因当中，有两大因素让她破了产，一是她的丈夫布莱恩男爵，另一个就是大革命后对贵族强征暴敛的高额税费。

一开始，整个局面还都不错。结婚证书确定洛尔那时住在侯伯王庄园，但此后不久，他们又住进玛歌庄园，一年多之后，他们有了儿子。但从 1798 年起，男爵不但破了产，而且还被剥夺全部资产，于是他便丢下妻子和儿子雅克-马克西姆·德·布莱恩，跑到汉堡去躲避牢狱之灾。其实早在 1791 年他就已经出逃过一次了，那一次是为了躲避大革命的恐怖统治。在西班牙躲了几个月之后，他返回法国，但刚一回到法国，就被囚禁了 22 个月，罪名是同情保皇党分子，而且还上了旅居海外侨民的黑名单。1794 年，他被释放出狱，刚好来得及迎娶洛尔。不过，在他第二次逃出法国之后，他和洛尔的婚姻也就走到尽头了，尽管布莱恩好像对他妻子还有点感情。在一封信中，他甚至责备洛尔抛弃了他：“祸不单行，好像我的倒霉

左页：菲梅尔伯爵在被处死前几周写的信。

[1] 指券是指 1789 年到 1796 年期间，法国大革命时期发行的可作为货币流通的有价证券。

侯伯王城堡的

事真是没完了，虽然我身在国外，但却还是听说菲梅尔公民打算再婚。”看来他真是消息灵通，洛尔确实借他不在家的机会，于1801年11月9日嫁给了一位普鲁士富商。富商是黑森州人，名叫朗斯道夫男爵。

对于洛尔来说，再婚是将地产脱手、全身而退的机会。最先脱手的是侯伯王庄，卖给了前总理大臣塔列朗，塔列朗当时正准备重返政治舞台。在此后几十年当中，庄园几次易主，1836年被巴黎银行家约瑟夫·欧仁·拉里厄以29.6万法郎的价格竞拍购入。1841年，拉里厄又将“新酒窖”购回，这样，佩萨克地区最负盛名的庄园恢复了原貌。

1801年，在将侯伯王庄卖出后不久，洛尔又准备出售玛歌庄。假如洛尔真想和第一次失败的婚姻一刀两断的话，她就应该把婚约的每一个条款都仔细看一遍。婚约上清楚地写着，她和埃克托尔共同拥有玛歌庄园。从此，各种各样的麻烦让所有人都不得安宁。

玛歌庄的新主人名叫贝尔特朗·杜阿，即科洛尼拉侯爵。这位西班牙贵族以65万法郎的价格购入玛歌庄，这个价格连大革命前所估价值的一半都不到。在一级庄反复易主的过程中，杜阿入主玛歌庄标志着一个颠覆性的变化，因为他既不像塞居尔家族那样是议会议员，也不像菲梅尔家族那样是军官。杜阿用了好几年时间去偿还各种债务，支付税费及借据等，这些都是此前几十年积累下来的。直到1809年，局面才完全得到控制。

实际上，杜阿并不是西班牙人，而是地道的法国人，他出生在圣约翰-德鲁兹一个专营腌鳕鱼的富商家庭，属于商贾阶层，其实早在300年前，阿尔诺·德·彭塔克也是这一阶层的成员。由于杜阿曾在毕尔巴鄂港附近住过很长时间，有人把他当作前来波尔多投资的外国人，因为波尔多的地产大多掌握在本地有钱人的手里。在购入玛歌庄园时，他已经快60岁了，虽然大部分时间待在巴黎，但他还是给玛歌庄园打上深深的烙印。正是依赖杜阿、园艺师吉罗和建筑师居伊-路易·孔布的辛勤付出，才有今天玛歌城堡这座新古典式建筑。

当杜阿入主玛歌庄园时，玛歌城堡几百年都没有变样。庄园总面积有二百多公顷，城堡本身也只是一座极普通的僻静村舍，旁边有一个小教堂。除了酒桶、压榨机及其他酿酒设备之外，城堡还有23座酒窖用来酿酒。1810年，杜阿开始给庄园建造“一座名副其实的宫殿，一座像雅典帕特农神庙那样的宫殿，配上雄伟的多立克式柱子、壮丽的浮雕，再修一条皇家林荫道”。1867 年，阿尔弗雷德 · 达勒富尔在《波尔多名酒》（*Les Grands Crus bordelais*）一书中对玛歌庄园作了这样的描述。

居伊 - 路易 · 孔布曾在罗马逗留过一段时间，他在那里爱上了古典建筑，并把这份激情带回法国。返回法国之后，他承担了建造特龙佩特城堡的部分工作，还于 1802 年修复了波尔多圣安德烈大教堂。他为几个有钱人设计的建筑如今仍然矗立在波尔多古城区，比如阿卡尔公馆、总督府林荫道等，著名的“银压榨机”餐馆如今就坐落在那里。1810 年，他为玛歌新城堡设计了许多方案，城堡于 1817 年建成，不过杜阿先生已于此前一年去世了。

“梅多克的拿破仑”

与此同时，那个倒霉的埃克托尔 · 德 · 布莱恩男爵又回到梅多克（如果税务文件记录真实的话，那应该是 1802 年），又重新管理自己的木桐庄园。不论再次见到自己的葡萄园有多么高兴，大革命对财产所造成的破坏都是毁灭性的，他花费了十几年的工夫去了结众多债权人的起诉。法院接二连三地签发强制还债令，如今玛歌城堡档案室里依然保存着这厚厚的一沓文件，不过到了 1814 年，当波旁王朝复辟、路易十八登基时，狡猾的布莱恩利用这个机会，成功地说服当地税务机构减免他的部分债务。

紧接着，他便开始收购土地，再把这些土地拿到木桐以外的地区去交换。他极力推广赤霞珠葡萄，说赤霞珠是最适合波亚克土壤的葡萄品种（在 19 世纪很长一段时间里，木桐庄园只种植赤霞珠），大家很快就把他当作对葡萄品种很懂行的人。他儿子雅克 - 马克西姆以更大的激情去推广赤霞珠，从而赢得了“梅多克的拿破仑”的绰号（人们往往以为这个绰号是给埃克托尔起的），雅克 - 马克西姆于 1876 年去世，他去世后一直被视为波尔多葡萄种植业的传奇人物。

虽然父子二人对葡萄园倾注了极大的热情，但埃克托尔最终还是在 1830 年把木桐庄卖掉了，卖给一位名叫伊萨克 · 蒂雷的巴黎银行家，成交价格为 120 万法郎，有人说他想把全部精力都放在戈尔斯庄园上（即后来的布莱恩-康特纳庄园），因为他刚刚把这座庄园买下来。不过这种说法可能站不住脚，因为时间对不上，戈尔斯庄园是在 1833 年才出售的，埃克托尔很有可能是被债务逼得不得不放弃自己的庄园。

1835 年，埃克托尔·德·布莱恩去世了，有人说他连自己家族的资产——木桐庄都卖掉了，这确实让他遭受沉重的打击，从而一病不起。或许在得知蒂雷并未取得多大成就时，他多少感到有些欣慰，因为蒂雷入主木桐庄那一年恰好赶上葡萄霜霉病爆发，这是 19 世纪里葡萄园首次遭受如此严重的病虫害，几乎所有的葡萄园都面临灭顶之灾。况且蒂雷大部分时间都待在巴黎，庄园里的事相隔那么老远，他也顾不过来，因此 20 年过后，当木桐庄再次被拍卖时，庄园已经变得破败不堪了，显然是缺乏日常维护。

罗斯柴尔德家族入主庄园

拯救木桐庄的人物终于出现了，他就是内森男爵的儿子、纳撒尼尔·德·罗斯柴尔德男爵，内森开创了罗斯柴尔德家族的英国支系。1789 年，时年 21 岁的内森在曼彻斯特安顿下来，设立一家专营纺织品的商号和一家金融机构。尽管那个时候曼彻斯特是跨国业务的重要枢纽，但内森还是于 1805 年在伦敦创办了罗斯柴尔德银行，银行很快就垄断了金条交易。1806 年，他把荷兰银行家利维·拜仁-科恩的女儿汉娜娶进家门，他们夫妇俩先后生了七个孩子，纳撒尼尔排行第四。后来家族把伦敦的事情全都交给长子莱昂纳尔去打理，让纳撒尼尔去做他感兴趣的事情，这其中就有葡萄酒。

至于说纳撒尼尔在哪儿、在什么时候第一次品尝到木桐葡萄酒，也是众说纷纭，没有定论。究竟是什么原因促使他在 1853 年去收购木桐庄园，而非其他庄园（由于葡萄产地遭受严重的霜霉病，多家庄园都在挂牌出售），种种推测让人摸不着头脑。不过有一点几乎是确凿无疑的：两年前，即 1851 年，他肯定去了伦敦海德公园的水晶宫，参观了在那里举办的世界博览会。虽然世博会上展出了许多法国产品，但波尔多出产的葡萄酒却根本没有送去展览。博览会上能看到的只有西班牙的葡萄酒和马德拉葡萄酒，没有任何迹象

左页：19 世纪末期的木桐-罗斯柴尔德城堡。
上图：纳撒尼尔·德·罗斯柴尔德男爵。

显示有其他国家的葡萄酒在博览会上展示。尽管如此，菲利普·德·罗斯柴尔德男爵在其自传中说，正是在世博会上，他的曾祖父第一次品尝到波尔多名酒，于是便决定在吉伦特地区收购一家庄园，但这段回忆恐怕只是家族的传说罢了。

还有另外一种有意思的推测，纳撒尼尔可能加入了克罗克福特俱乐部，这是伦敦梅菲尔街区极高档的博彩俱乐部，俱乐部创办于 1828 年，是此行当里最古老的私营俱乐部。1852 年，俱乐部的酒窖清单里有 8 箱布莱恩-木桐葡萄酒。罗斯柴尔德家族的人肯定经常去这家俱乐部，因为惠灵顿公爵是这家俱乐部的资助者，经常在那里接待摄政时期社交界的名流。纳撒尼尔在俱乐部里喝着一瓶布莱恩-木桐葡萄酒，又在黑杰克纸牌游戏里赢了一大把钱，虽然想象这样的场景令人惬意，但最靠谱的推测是，有人在巴黎说服他到波亚克去收购一家庄园。1850 年，他确实在那儿安顿下来，是为了协助他叔叔、银行家詹姆斯·梅耶·罗斯柴尔德（几年后，詹姆斯收购了拉菲庄），他和巴黎银行家伊萨克·蒂雷也有结交，作为布莱恩-木

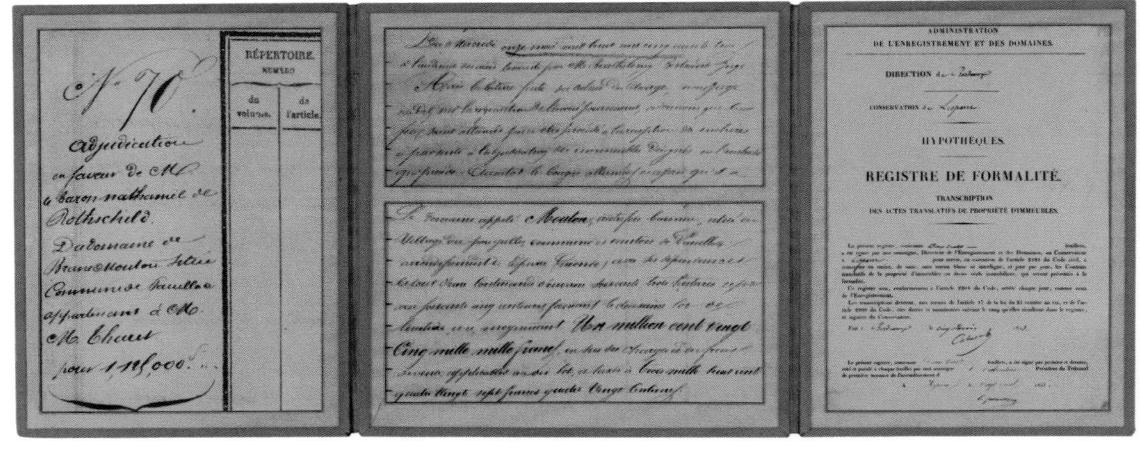
N° 70.

Adjudication en faveur de M. le baron Nathaniel de Rothschild. Du domaine de Brane Mouton situé commune de Pauillac appartenant à M. M. Thuret pour 1,125,000f.

RÉPERTOIRE
NUMÉRO
du volume. | de l'article.

Un million cent vingt cinq mille francs

ADMINISTRATION
DE L'ENREGISTREMENT ET DES DOMAINES.
DIRECTION d
CONSERVATION d
HYPOTHÈQUES.
REGISTRE DE FORMALITÉ.
TRANSCRIPTION
DES ACTES TRANSLATIFS DE PROPRIÉTÉ D'IMMEUBLES.

桐的庄园主，蒂雷那时正在寻找能接手庄园的买主，这恐怕是最说得过去的解释。

1825 年，在莱斯帕尔-梅多克举办的拍卖会上，纳撒尼尔男爵以 112.5 万金法郎的价格购入木桐庄园。在 1855 年列级评选两年之前，纳撒尼尔在城堡里举办规模盛大的招待会，有人说，他非常想让客人品尝他的葡萄酒。虽然木桐庄的葡萄酒价格当时就和其他几家一级庄的价格不相上下，但是过了很久木桐庄才跻身于一级庄的行列。不过他还是做了许多尝试，甚至即刻就去关注自己的葡萄园，因为葡萄园不但遭受霜霉病的重创，而且还受到粉孢菌的侵害。他的管家泰奥多尔·加洛开始种植赤霞珠，由此开启了 20 年（1860—1880）的葡萄丰收期，这也是木桐佳酿的最好年份。纳撒尼尔还把布莱恩的名字从庄园名号中抹掉，换上自己的名字，不过新名称过了一段时间后才获得市场的认可。葡萄酒批发商在 1856 年购买的葡萄酒瓶上还能看到“布莱恩-木桐-罗斯柴尔德”的名号。

左页：木桐庄园出售给纳撒尼尔·德·罗斯柴尔德男爵的契约。

此前一年，纳撒尼尔和他的堂妹夏洛特·德·罗斯柴尔德喜结连理，夏洛特是他叔叔詹姆斯的女儿。婚后他们生育了四个孩子。这一次是他的长子詹姆斯·德·罗斯柴尔德负责掌管家族的业务。1870 年，纳撒尼尔去世，詹姆斯诚惶诚恐地接替了父亲的职位。庄园里那座第二帝国风格的“小木桐”城堡就是在他主持下兴建的，不过除此之外，无论是他本人，还是他的妻子，或是他的儿子亨利，他们对纳撒尼尔男爵留下的葡萄种植产业似乎并不那么上心。倒是他的曾孙菲利普在若干年后接过了家族葡萄酒业的火炬。

拍卖拉菲庄园

在庄园主皮埃尔·德·皮沙尔去世后，拉菲庄园也遭受到同样性质的突变。在法国大革命结束后的三年内，庄园只是理论上归属于国家，但实际上却不归属于任何人。这种局面一直持续到 1797 年，一位常年居住在巴黎的荷兰人，名叫约翰·德维特，他在那一年举办的拍卖会上竞拍购

MIS EN BOUTEILLE AU CHÂTEAU
CHATEAU LAFITE ROTHSCHILD
2000
PAUILLAC
APPELLATION PAUILLAC CONTRÔLÉE
12,5% vol
750ml
SOCIÉTÉ CIVILE DU CHATEAU LAFITE ROTHSCHILD, PROPRIETAIRE A PAUILLAC (GIRONDE) FRANCE

得拉菲庄园。不过，他很快就发现，管理好这样的资产需要大量的投入，于是三年过后，他放弃了拉菲庄园。那时候，他聘用了约瑟夫·古达勒，从而让城堡在几十年当中保持相对的稳定，古达勒很快就成为小有名气的人物，除了负责销售葡萄酒外（通过一家匆忙创办起来的批发公司），他还负责酿造葡萄酒。这期间庄园还换过一任主人，但没过多久新主人也走掉了。1818 年，拉菲庄园被芭布－罗沙丽·勒迈尔夫人购得，芭布－罗沙丽的丈夫名叫伊尼亚斯－约瑟夫·范莱伦贝格，是经营粮食和军火的批发商（他曾为拿破仑的部队提供过军火）。

在拉菲庄园反复易主的这段时间里，古达勒以铁腕治理庄园，而这正是庄园所需要的。古达勒在佩萨克的格拉芙地区也有自己的庄园，尽管如此，他似乎对管理拉菲庄更上心，有人说要是庄园属于他们家的话，他和儿子埃米尔会用更大的激情去管理。他们父子俩呕心沥血，把所有时间都花在拉菲庄园上，以证明拉菲庄就是胜其他庄园一筹。事实上，正是仰仗他们的艰苦奋斗，拉菲葡萄酒的价格在 19 世纪初期超过其他一级庄的价格。1845 年，埃米尔为拉菲庄园购得卡许阿德庄，这是一处 12 公顷的山坡地，埃米尔认为这块地可以同拉菲庄的葡萄产地相媲美。

直到 1868 年，拉菲庄园依然归范莱伦贝格夫妇所有。关于他们的婚姻状况的说法也多有出入，有人说他们一直是夫妻关系，也有人说他们离婚了，但依照大部分历史学家的说法，当时有些夫妇离婚就是为了避税，但不管怎么样，要说避税这还真是他们夫妻俩的强项。比如在 1821 年，丈夫去世后，范莱伦贝格太太就设法逃避遗产税，假装把庄园以 440 万法郎转卖给英国银行家塞缪尔·斯科特。表面上看，是斯科特和他儿子在与古达勒合作管理拉菲庄园（1855 年列级时拉菲庄主人的名字就是斯科特），但实际上，他们是在为范莱伦贝格家族打工。这种局面一直持续到 1866 年，那一年埃梅－欧仁·范莱伦贝格去世了，他的继承人要求清算他的财产，于是拉菲庄再一次被拿去拍卖。与此同时，紧邻的布莱恩－木桐庄已易主变为木桐－罗斯柴尔德庄园。两座庄园之间传奇般的较量早已在暗中展开。但敌意并非来自罗斯柴尔德家族，而是由埃米尔（别名蒙普莱奇）· 古达勒挑起的，因为埃米尔已公开将木桐庄视为一种威胁。当纳撒尼尔男爵收购木桐庄时，斯科特（也有可能是埃梅-欧仁·范莱伦贝格）要古达勒将卡许阿德庄卖给纳撒尼尔男爵。古达勒回应说，要是把这块宝贵的土地卖给男爵，那他就会“想方设法把他的庄园提升到一级庄的水平，而且很有可能会成功。先生，您知道木桐庄提升的后果是什么吗？要是木桐庄变为一级庄，拉菲葡萄酒的价格就会崩溃”。古达勒似乎铆足了劲儿要把近邻打回原地，他还常常给葡萄酒批发商和经纪人写信，抱怨他们从木桐庄买的葡萄酒价格太贵了，并威胁他们要用给拉菲葡萄酒涨价的手段来报复。1858年，他甚至用现金支付的方式将各年份的葡萄酒直接卖到伦敦，以此来羞辱波尔多的批发商。由于范莱伦贝格一家人身在巴黎，而斯科特又远在伦敦，因此当地没有人敢向古达勒的权威挑战，而正是凭借古达勒坚持不懈的努力，拉菲庄出产的葡萄酒才能始终保持优良品质，依照斯科特的说法，正是他让拉菲庄“处于金字塔的塔尖上”。

查阅拉菲档案室保存的史料，我们能看到有关拍卖的许多细节：拍卖最初定在1868年6月20日在波尔多举行。拍卖底价为拉菲庄450万法郎，卡许阿德庄25万法郎。各种流言蜚语在波尔多风传，妄说某某有可能是潜在的买主，但到了拍卖那天，竟然没有人出价，结果流拍，拍卖会不得不移师巴黎，并定于两个月后，于8月8日重新开拍。为了引起更多人的关注，拍卖底价也降为300万法郎。当时竞拍的对手有两家，一家是波尔多葡萄酒批发商团队，另一家是詹姆斯·德·罗斯柴尔德，詹姆斯全权委托他的律师布丹先生出席拍卖会。拍卖过程记录在一份文件里，文件上面的字写得密密麻麻的，由阿方斯·布歇签字，签署日期为1868年8月8日，地点为巴黎司法院，这份文件的开篇这样写道：“承蒙上帝恩惠并秉承民族意愿，向当今及未来所有法国人的皇帝拿破仑致敬。”

当天拍卖的共有九组标的物，文件详细地描述了这九组标的物的拍卖过程。在这次由欧仁妮·范莱伦贝格组织的拍卖会上，拉菲庄和卡许阿德庄分别为第六和第七组标的物。文件上注明拉菲庄坐落在波亚克、圣埃斯泰夫和莱斯帕尔这三个镇的地域上，共计123公顷59公亩零75平方米。卡许阿德庄也坐落在这三个镇的地域上，占地面积为10公顷23公亩零40平方米。

文件接下来又描述了庄园的入口：一

条绿荫遮蔽的林荫道从公园穿过，从公园向远方望去，四周的风景非常美丽，这是“梅多克最美的公园”，庄园入口就坐落在那条林荫道上。文件对城堡也作了描述：这是一座两层建筑物，一层有宽大的门廊，宽敞的客厅，还有门厅、桌球房、餐厅、配膳室、厨房、洗衣房以及地下酒窖。此外还为庄园经理配备一套住所，内有卧室、办公室、厨房和洗衣间。二楼有 10 间卧室，每间卧室都配有卫生间，另外还有用人的卧室、洗衣房、存放衣服及床单等物的储物间。城堡前有一座宽大的平台，城堡的另一边有一座地下酒窖，里面贮放着 22 只木酒桶；有一座马厩，内设 6 个马槽；有制作木桶的小工场；有能停放 6 辆汽车的车库；有一处小围场，能养 6 头牛；有门岗哨房、一间打铁铺、园艺工住所、库房、熏制场、水井、地下酒窖；有葡萄栽培师及其家属的住所；有为葡萄采摘工存放衣物的储物室以及为他们做饭的厨房；有压榨酸葡萄汁的作坊；另外还有一所大库房及其附属建筑，一个菜园子、一间洗衣房及一处池塘。詹姆斯有三个儿子：即阿方斯、古斯塔夫和埃德蒙男爵，也许正是在他们的鼓动下，詹姆斯买下拉菲庄和卡许阿德庄。不过即使没有儿子们的鼓动，他也会独自作出收购这两座庄园的决定。自从他侄子收购木桐庄之后，他一直想在梅多克地区收购几座庄园。收购总价包括拍卖费用高达 4793733.87 法郎，由于庄园的利润一直在持续增长，10 年内便能收回这笔巨额投资。庄园酒窖里贮存的葡萄酒不包括在这次拍卖价格里，几个月后，即 10 月 26 日，这批葡萄酒也公开拍卖，然而几个星期过后，詹姆斯男爵就在巴黎去世了。大部分文件暗示，他甚至连自己新购入的资产都没看上一眼就撒手人寰，不过他很有可能在参观木桐庄的时候，从远处望见过拉菲庄，既然女儿嫁给了纳撒尼尔，婚礼他总是要参加的呀。拉菲庄葡萄酒公开拍卖的价格刷新了以往的记录，据说大部分瓶装酒都被新主人、罗斯柴尔德家族在法国的支系买去了，正是这一支系在波亚克开始大肆收购土地。在此后 100 年间，两座庄园的关系翻开新的一页，开始进入竞争阶段。

BAROMÈTRE DU POUVOIR MONDIAL 4

世界权贵的晴雨表

除了革命时期之外，不管是昨天还是今天，人们都可以从收藏及购买顶级佳酿的人群中分辨出哪些人属于优势群体。在波尔多地区，政治与优势群体始终如影相随。

自从著名庄园打开英国市场、侯伯王庄在伦敦开设“彭塔克头像”酒店兼客栈之后，世界上的权贵们开始热情地接纳这些庄园的佳酿。依照历史学家亨利·昂雅尔贝的说法，在选择世界名酒方面，国际政治所起的作用要比气候和土壤重要得多。“如果好的出口市场没有建立起来，再好的地产酒也没有用。”从 16 世纪 60 年代起，阿尔诺三世便意识到，只酿制优质的葡萄酒是远远不够的，还要设法把酒卖出去。这种产销的连带作用对于庄园主来说是格外重要的，因为大部分波尔多葡萄酒都是通过批发商的销售渠道卖出去的，庄园主很少参与销售，即使到了今天，这种局面依然没有改变。彭塔克绕过这种传统模式，将儿子弗朗索瓦–奥古斯特派往伦敦，那时候伦敦是欧洲知识界的中心，几百年过后，玛歌庄的保罗·蓬塔列才把他儿子派到香港常驻，在亚洲正式代表玛歌品牌。

从 17 世纪末到 19 世纪初，伦敦美食被认为是欧洲最好的，从茶叶到巧克力，再到各式蔬菜，各种各样的食物源源不断地从殖民地运抵伦敦。英国人一直在尝试新食物、新口味，对各种食材也就显得格外挑剔。而波尔多人很高兴能满足他们的口味，正像如今能满足中国市场的口味一样。

“彭塔克头像”酒店

1666 年，弗朗索瓦–奥古斯特带上父亲的一位厨师，动身前往伦敦，他来到英格兰首都的时候，腺鼠疫刚刚得到控制，这场瘟疫卷走了首都五分之一人口的

右页：英国皇家学会所在地以及学会会员们常去的小酒馆。
此为伦敦局部地图，由罗克于 1746 年绘制。

LOTHBURY
THROGMORTON STREET
BROAD
BISHOPSGATE
THREAD NEEDLE STREET
POULTRY
CORNHILL
LEAD
BUCKLERSBURY
LOMBARD STREET
WALLBROOK
CANNON STREET
ST SWITHINS LANE
GRACE CHURCH STREET
FENCH
GREAT EASTCHEAP
LITTLE EASTCHEAP
FISH STREET HILL
THAMES
DOWGATE HILL
ALLHALLOWS LANE
COLE HARBOUR
LONDON BRIDGE
St. Margaret
Drapers Hall
French Ch.
St. Bartholomew
The Bank
The Royal Exchange
St. Bennet Fink
St. Olave
Grocers Hall
Poultry Com.
St. Mildred
Ld. Mayors Mansion House
St. Stephen
Post Off.
St. Mary Woolnoth
St. Peter
St. Michael
Chur. Yard
Green Market
Hide Market
Crosby Square
Alhallows
St. Bennet
St. Clement
St. Mary
French Church
St. Michael
Church Yard
Laurence Poulteney
Alhallows the Great
Steel Yard Wharf
St. Magnus
Fishmongers H.
Billingsgate
St. Mary at Hill
Butchers Hall
The Monument Yard
Talbot
Steel Yard Stairs
Alhallows Stairs
Cole Harbour Stairs
Old Swan Stairs
Church Yard Alley Stairs
Billingsgate Stairs
Billingsgate Dock
St. Mary Overies Stairs
St. Mary Overies Dock
25
17
19
13
7
11
17
3
10
20
4
R
I
V
E
3
4
E
6
7

左页：画面右侧是哲学家约翰·洛克的肖像，洛克曾在 17 世纪参观过侯伯王庄；左侧是卢森堡大公国的罗伯特王子。

性命。他大概也在琢磨是不是来到了地狱，因为祸不单行，鼠疫前脚刚走，伦敦又遭遇一场特大火灾，正是这场大火彻底改变了伦敦的城市风貌。不过令人感到奇怪的是，弗朗索瓦-奥古斯特似乎从这场大火中获得双重好处。首先，火灾迅速平息瘟疫，并净化了伦敦的街区；其次，大火烧毁了阿伯丘茨巷里一家名为“白熊”的小酒馆，而这家酒馆一直深受大众喜爱。虽然大火烧毁了伦敦城 60% 的建筑，但城市建设恢复得很快，许多街区都用红砖房替代了原来的木板房。彭塔克选中“白熊”小酒馆的遗址，来建设他的酒店，目的就是想通过这个窗口，尽快将父亲的葡萄酒展示出来。他将父亲的头像挂在酒店门面的上方，并给酒店起了个名字：“彭塔克头像”。有来自法国的名厨，再加上产自法国的佳酿，酒店很快就成为伦敦城最受欢迎的餐馆之一。所有来自侯伯王庄的葡萄酒都卖得最贵，彭塔克将售价定在每瓶酒 7 先令，而其他品牌的葡萄酒每瓶只卖两先令。当时许多著名人物常来酒店，并将自己的感受写进日记里。17 世纪伦敦上流社会的著名人物几乎全都来过，其中有约翰·德莱顿[1]、约翰·洛克、克里斯托弗·列恩[2]、乔纳森·斯威夫特、丹尼尔·笛福、塞缪尔·皮普斯以及圣埃弗雷蒙（圣埃弗雷蒙是法国人，在英国王室很受宠，也算是伦敦文学界的骄傲吧，他死后葬于英国威斯敏斯特大教堂中的诗人墓地）。

但有必要明确指出，并非所有的庄园都采用侯伯王庄的新酿酒法。大部分庄园还依然满足于酿造低价位的葡萄酒，这种酒若不尽快喝掉，就会变得没法喝了，不过这些低档酒还是大批量地运往其他国家的市场。到了 18 世纪，荷兰人步英国人的后尘，也开始喜欢上波尔多红葡萄酒，进而成为波尔多葡萄酒的重要市场，不过伦敦人还是最喜欢“法国新红葡萄酒”，甚至愿意以高于荷兰市场一倍的价格去购

[1] 约翰·德莱顿（1631—1700）：英国诗人、剧作家、文学评论家，是英国戏剧史上戏剧评论的鼻祖人物。

[2] 克里斯托弗·列恩（1632—1723）：英国科学家、建筑师，1666 年伦敦大火后主持重建伦敦的教堂。

A

CATALOGUE

OF THE GENUINE

Houſhold Furniture,

Jewels, Plate, Fire-Arms, China, &c. And a large Quantity of Maderia and high Flavour'd Claret.

Late the Property of

A Noble PERSONAGE,

(DECEAS'D,)

The Furniture Conſiſts of Rich Silk Damaſk, mix'd Stuff ditto, Cotton and Morine in Drapery Beds, Window-Curtains, French Elbow and back Stool Chairs, a large Sopha with an Elegant Canopy over ditto, Variety of Cabinet Work in Mahogany Roſewood, Japan, Tortoiſhell, inlaid with Braſs, &c. Large Pier Glaſſes, a curious Needle-work Carpet 4 Yards by 5, Turkey and Wilton ditto, ſome valuable Jewels, and Plate, &c. Uſeful and ornamental Chelſea, Dreſden and Oriental China,, a Muſical Spring Clock and Eight-day ditto, ſome fine Bronzes, Models, Pictures, &c. &c.

Which will be Sold by Auction

By Mr. CHRISTIE,

At the Auction Room, in PALLMALL, on Fryday next, and the Four following Days.

The whole to be view'd on Wedneſday next, and 'till the Time of Sale, which will begin each Day at Twelve o' Clock.

Catalogues to be had at the Great Room as above, and at *Mr. Chriſtie's, Caſtle-Street, Oxford-Road.*

左图：佳士得拍卖行最早的介绍资料之一。

右页：18 世纪的一个拍卖厅。

买波尔多红葡萄酒。波尔多右岸的其他地区（如布尔和布莱伊）以及圣埃美隆的大部分地区则依然利用利布尔纳市场向外销售葡萄酒，而且在法国北部和荷兰不愁找不到市场。之所以会出现这种局面，部分原因是在 1822 年之前，加龙河上还没有架设跨越河流的桥梁，沙尔特龙的批发商们在很长时间内都无法进入右岸地区，只能通过多尔多涅河来运送葡萄酒。而在左岸地区，只有梅多克和格拉芙会受这种局面的影响，这一地区的庄园将葡萄酒运往沙尔特龙，再从沙尔特龙港口运往英国。

尽管如此，波尔多和英国的这种长久合作关系并非一帆风顺。只要翻开历史书，或关注足球及橄榄球比赛，或读一读财经报刊的文章，就会发现英法两个民族之间的冲突一直不断。当冲突让军火商和军需品供应商大发横财的时候，葡萄酒生意就会一落千丈。

从 12 世纪到 18 世纪，英国每隔两三个月就派船到波尔多去运葡萄酒，但从 18 世纪初开始，进口关税变得格外沉重，再加上政府禁止进口法国商品，英国有钱人不再喝低档的红葡萄酒，反而喜欢上波特甜酒，尤其是在 1703 年英葡两国签署梅休因条约之后[1]，葡萄牙出产的酒可以

[1] 1703 年英国和葡萄牙在里斯本签订的条约，条约名称源于英国驻葡公使的名字。条约准许英国产羊毛和毛织品输入葡萄牙市场，而葡萄牙的酒类进入英国可享受关税优惠。

享受零关税待遇。尽管如此，虽然普通型红葡萄酒被逐渐挤出英格兰市场（苏格兰市场却在蓬勃发展），但高档红葡萄酒却在市场上稳稳地扎下根来。在梅休因条约签署后不久，为了能把波尔多最好的葡萄酒运往英国，有些商号期待着能让在英吉利海峡巡逻的英国军舰把葡萄酒“拦截下来”。接下来，葡萄酒被贴上标签，做成随时准备出售的商品，运到圣詹姆士街区的酒店和咖啡馆里去拍卖，因为那里定期举行走私商品拍卖会。直到佳士得和苏富比拍卖行创办之后，走私商品才改由这两家拍卖行来拍卖。《伦敦公报》于1705年报道了好几场葡萄酒拍卖会，拍卖的都是在英吉利海峡被截获的彭塔克、侯伯王以及玛歌葡萄酒。1707年5月22日，《伦敦公报》预告将拍卖“一批优质法国新红葡萄酒，都是多年的陈酿，最近刚刚运抵英国，主要是拉菲庄、玛歌庄和拉图庄的葡萄酒”。四天过后，这份期刊又预告将拍卖“200桶法国侯伯王新红葡萄酒，皆为在‘自由号’商船上截获的走私葡萄酒”。

几年当中，类似这样的拍卖会经常举办，而被没收的葡萄酒相当于这几家庄园的总产量，由此不难看出，葡萄酒虽被没收，却是在庄园主默许的前提下进行的，他们认为这也许是进入英国市场的最佳方式，况且很大一部分拍卖收入又返还给波尔多。

抛开价钱因素的考虑，选择上好的葡萄酒往往是在展示自己的政治喜好，这就要看究竟是喜欢葡萄牙还是喜爱法国。英国贵族一直向往路易十四的王宫，法国所有的东西都受到热捧。大家知道安妮女王[1]和她丈夫、丹麦的乔治亲王都喜欢喝法国葡萄酒。安妮女王每年要买将近40桶葡萄酒，相当于一万瓶葡萄酒，都是彭塔克、玛歌及格拉芙地区的名酒。在1720年至1727年间，仅仅一个葡萄酒商就向王室供应了763桶葡萄酒，其中四分之三为拉菲、拉图、彭塔克及其他高档红葡萄酒。总之，辉格党人都喝波特甜酒，而托利党人则喝法国红葡萄酒，不过，贵族阶层里有见识的辉格党人，比如布里斯托伯爵[2]或罗伯特·沃波尔爵士[3]也喝上等法国红葡萄酒。

波尔多人历来很会做生意，葡萄酒生产商极有可能已找到躲避惩罚性关税的方法，正是这种关税迫使质量平庸的葡萄酒退出市场。在侯伯王庄，阿尔诺三世凭借在波尔多议会里的政治关系，并受英吉利海峡彼岸商业伙伴的鼓动，已清楚地看出他用新法酿造的葡萄酒是有市场的，于是便义无反顾地投入到冒险之中。几年过后，侯伯王庄和玛歌庄因联姻而结合在一起，玛歌的葡萄酒也就自然而然地进入英国市场，接着雅克·德·塞居尔的拉菲和拉图也步其后尘打入英国市场。1705年，一英吨（954升，英吨为英制质量单位）彭塔克红葡萄酒的售价为60英镑，而普通型红葡萄酒每（英）吨只售18英镑，也就是说，仅相当于彭塔克葡萄酒价的三分之一。

自从一级酒庄的红葡萄酒进入英国市场之后，很快便出现一群喝法更讲究、口味更挑剔的消费群体。“法国新红葡萄酒”一词也越来越频繁地出现在葡萄酒单里，进而取代普通型的“红葡萄酒”一词。

[1] 安妮女王（Anne of Great Britain，1665—1714）：她于1702年即位为英格兰、苏格兰和爱尔兰女王，直至1714年去世。

[2] 布里斯托伯爵（1665—1751）：英国政治家。

[3] 罗伯特·沃波尔爵士（1676—1745）：英国辉格党政治家，后人普遍认为他是英国第一任首相。

销售价格也因此飙升起来，有人开始依照酒的外观和口味来描述葡萄酒。1711 年，《伦敦公报》在描述葡萄酒销售时这样写道："法国波尔多新红葡萄酒，产自最好的庄园，透亮、清新、纯正、回味无穷。"也就是从那时起，才算真正出现了现代意义的葡萄酒爱好者，可以说这些爱好者是英国和波尔多一级酒庄在 18 世纪里共同栽培出来的。

2003 年，哥伦比亚大学的一位大学生在其毕业论文中对此局面做了概述："在一个充斥着葡萄牙和西班牙劣质葡萄酒的国度，在一个以咖啡、茶以及巧克力为主要饮品的国度，市场上就应该有一种顶级红葡萄酒。对于复辟时期的英格兰来说，法国高档红葡萄酒是最佳饮品。这种葡萄酒好似专为国王和女王酿制的，而且也是为辉格党的绅士们酿制的，这些绅士既传统，又有教养，而且还格外讲究。"

英国皇家学会的享乐

侯伯王庄进入伦敦之后不仅仅开创出一片市场，它还得到当时社会名流的庇护，成为第一个享有这种待遇的一级酒庄。把酒店开在阿伯丘茨巷堪称一步妙棋，因为当时英国皇家学会常去的两家酒店就在附近，一家是开在交易广场 20 号的"琼氏"店，另一家是位于交易所巷 4 号的"凯洛维斯"店。英国皇家学会很快就接纳了这家新开设的酒店，并把彭塔克葡萄酒推介给名流雅士。英国皇家学会成立于 1660 年 11 月 28 日（侯伯王葡萄酒正是在那一年呈献给国王的），目的是为了宣传和普及科学知识，学会每周安排一次聚会，称为"周四俱乐部"或"皇家学者俱乐部"。每周聚会并不在"彭塔克头像"酒店举行，但皇家学会将每年在圣约翰节举办的盛大晚宴定在"彭塔克头像"酒店，那一天算是学会成立周年纪念日。从 16 世纪 70 年代起，皇家学会每年都在这里举行岁末晚宴，一直持续到 1746 年。1696 年 11 月 30 日，作家、专栏记者兼园艺学家约翰 · 伊夫林在岁末晚宴结束后，在日记里写道："像往年一样，我们所有人都在彭塔克酒店吃晚饭。"1683 年 7 月 13 日，他在日记里叙说曾和彭塔克先生聊了几句："这位先生是彭塔克和奥布莱恩葡萄园的主人，我们所享用的波尔多佳酿就是这两座葡萄园出产的。"在皇家学会的账本上记录着，1687 年为晚宴额外支付右页：贝瑞兄弟与洛德商号在圣詹姆士街上开的店铺。

了 19 先令 6 便士。1688 年 11 月 30 日，皇家学会又为晚宴额外支付了 1 先令 46 便士。

一般来说，英国皇家学会的晚宴都很奢华，类似于一级酒庄主人在法国大革命前所享用的晚餐。比如 1748 年晚宴的菜单就是明证（那一年皇家学会已不在“彭塔克头像”酒店里聚餐了）：“西洋菜沙拉，烤小肥鹅，鲭鱼黑醋栗馅饼，野味肉酱，烧牛腩，菜花及青菜”。即使更换了聚餐的地方，皇家学会依然保留最初的传统，大家举起斟满波尔多红葡萄酒的酒杯，为每位成员祝福。根据皇家学会文件的记载，德高望重的菲利普·约克[1]于 1741 年被接纳为学会会员，1746 年 7 月，学会还特意安排他参加每周的聚会，但他“并未出席会议，错过了鉴赏法国红葡萄酒的机会”。

从忠诚的客户到值得信赖的酒商

在 18 世纪及 19 世纪上半叶，英国的红葡萄酒消费量已经达到峰值，这是不争的事实，而英法两国在葡萄酒方面的合作关系也依然在持续发展（这种合作关系一直没有中断过，英国女王[2]的母亲甚至还在 1977 年去拉菲庄和木桐庄参观了两天），这不仅仅局限于消费层面上，而且更是仰仗值得信赖的葡萄酒商遵循以往的悠久传统，大批量地购入红葡萄酒，然后将其销售到全球最富有的地区。如今，一级酒庄的葡萄酒已销往 150 多个国家，只要有钱，在全世界任何地方都能买到一级庄的葡萄酒。伦敦著名酒商贝瑞兄弟与洛德商号自 1765 年起将购酒者的名字登记在册，现已有 1.7 万人记在登记簿上，一本本登记簿就是葡萄酒市场持续发展的明证，登记簿如今依然保存在位于圣詹姆士宫附近的伦敦老店里。

[1] 菲利普·约克（1690—1764）：英国大律师、法官、辉格党政治家，1737 年至 1756 年任大法官，在任长达 19 年，对英国政坛的影响力可谓举足轻重。

[2] 指英国女王伊丽莎白二世。

玛歌庄园的介绍资料，推出法语、英语和汉语文本。

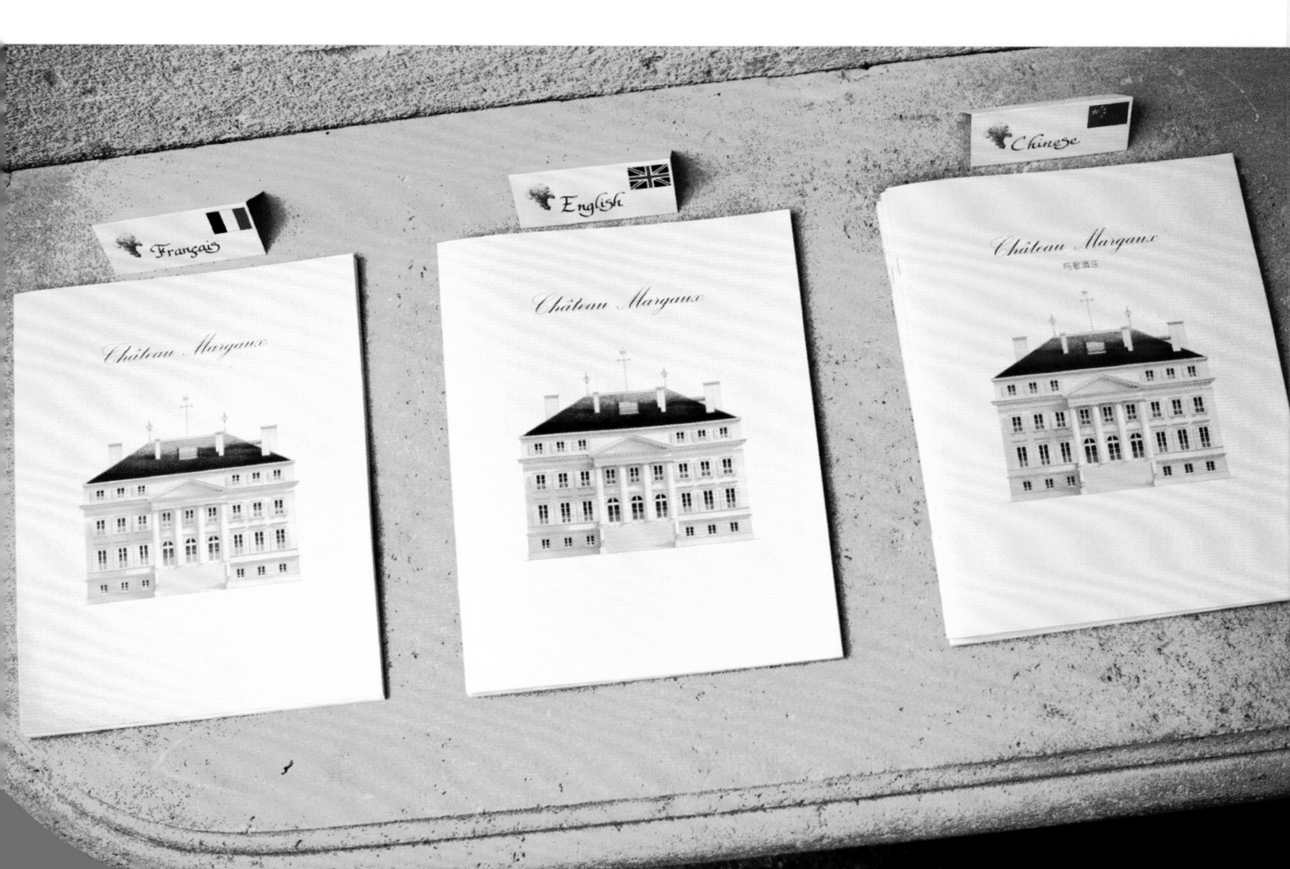

贝瑞兄弟与洛德商号创立于1698年，最初是由一个名叫伯恩的寡妇开办的，只卖茶叶和咖啡。所谓贝瑞商号就是一家零售商店，靠向一家家小咖啡馆卖咖啡来积累钱财，当时在伦敦开办小咖啡馆已俨然成为一种流行趋势。伯恩太太买了一台很大的秤，客户要多少，就给他们称多少，从而在伦敦的咖啡市场上向客户提供更多的选择。她女儿伊丽莎白嫁给了一个名叫威廉·皮克林的手艺人，皮克林一直胸怀大志，学会了描彩镀金这门手艺，专为木制品、铁制品以及石头装饰物镀金描彩，比如为带雕花的家具上漆，或为豪华的殿堂做室内镀金装饰，这类豪华的殿堂在圣詹姆士街区有很多家。

皮克林在施展自己手艺的同时还要管理他妻子的零售商店，不过到后来贵族要做室内镀金装饰的需求越来越少，于是他的儿子们便把更多的精力放在香料、茶叶、咖啡及烟草等生意上。他们还和一个名叫约翰·克拉克的人合伙做生意。后来克拉克的女儿嫁给埃克塞特的葡萄酒商约翰·贝瑞。1810 年，他们的儿子乔治·贝瑞开始掌管家族的业务，他敏锐地感觉到葡萄酒市场会发展得很快。从 1850 年起，葡萄酒已经成为他的主要业务，尽管如此，他依旧按客户的需求给他们称散装咖啡。和木桐庄的遭遇一样，这家酒商的很大一部分档案在第二次世界大战中被战火烧毁，但写满密密麻麻字迹的登记簿却依然保存在一间装饰着橡木护墙板的房间里。

登记簿里记录着许多 18 世纪的舰长、船长及海军上将的名字，英国作为传统航海大国的辉煌由此可略见一斑。随着年龄的增长，同一客户体重往往也会增加，有些人会在几十年当中长胖许多。几乎所有的指挥官随着职务的晋升，体重也会相应增加，比如斯科特先生在 1783 年体重为 60 公斤，当他于 1816 年晋升为海军上将时，体重增加了 13 公斤。第一批美国客户是在第一次世界大战期间出现的，随后美国客户越来越多。

大家都知道，最早是托马斯·杰斐逊将一级酒庄介绍给美国公众的。1784—1789 年，他任美国驻法国大使，正是在那段时间里，他迷上了法国葡萄酒。在夏洛特维尔城修建的私人宅邸反映出他是多么酷爱法国葡萄酒：在蒙蒂塞洛宫的第一版设计图纸上，他打算建一座宽 5.3 米、长 4.5 米、高 3 米的地下酒窖。他为酒窖配上厚重的装甲门，还上了两把锁，足以证明酒窖贮藏的佳酿弥足珍贵。根据保存在蒙蒂塞洛宫的文件记载，在他就任美国总统的第一个任期内，单单购买葡萄酒就花掉了 7.5 万美元（约合现值 9.5 万欧元）。

他还特别喜欢将自己的嗜好分享给同代人。在整个职业生涯当中，他总能定期收到成箱的侯伯王、玛歌、拉菲、拉图等庄园的葡萄酒以及伊甘庄园的甜酒（到晚年时，由于财力有限，他购买葡萄酒的数量才缩减下来）。他还经常在蒙蒂塞洛宫组织品酒活动，邀请他的好友约翰·亚当斯和拉法叶前来品尝佳酿。此后入主白宫的任何一位总统都不像他那样酷爱一级酒庄佳酿，直到肯尼迪成为白宫的主人之后才有所改观，尼克松也喜欢一级庄的葡萄酒，他最喜爱的品牌是玛歌红葡萄酒。

还是在 19 世纪，美国驻波尔多总领事威廉·李也热衷于推广法国一级庄的葡萄酒。1805 年，他给宾夕法尼亚葡萄园公司寄去 4500 株葡萄苗，这些葡萄苗都是在拉菲庄、玛歌庄以及侯伯王庄的葡萄园里培育的，以确保葡萄移种美国的计划能获得成功。

在熬过郁闷的禁酒时期之后，在第二次世界大战之前，美国人再次喜欢上一级庄的葡萄酒。此后这一嗜好有增无减，至 1982 年到达巅峰，那一年“波尔多葡萄酒热潮”席卷美国。恰好在那同时，评酒师罗伯特·帕克为葡萄酒投资者推出一套评分制，从而推动这一热潮迅猛发展，他那一套评分制似乎还很可靠。1994 年，美国对葡萄酒的法律限制有所松动，纽约借此机会一举超越伦敦，成为世界葡萄酒贸易的中心。从此，一级酒庄的经理们便开始频繁奔赴美国，出席私人收藏家举办的品酒会。艾伯·西蒙当时是全球最大的高档葡萄酒商，在 20 世纪 80 年代，他曾为自己的公司“帝亚吉欧优质葡萄酒业”从每家一级庄采购 4000 箱葡萄酒。

此后 20 年当中葡萄酒业发生了许多重大事件，这些事件的象征意义也就变得格外清晰了：就在香港政府决定取消对葡萄酒征收关税之后，帝亚吉欧优质葡萄酒业马上宣布撤出波尔多红葡萄酒市场，此后不久澳门政府也决定实行同样的减免关税政策。香港政府的免税政策从 2008 年开始实施，而澳门政府的类似决策是在 2009 年开始执行的。显然，世界权贵晴雨表的指针开始摆向亚洲。

最近几十年，一级庄葡萄酒的亚洲市场变得越来越重要。从20世纪80年代起，日本人在创造经济奇迹的同时，也步美国人的后尘，开始大量消费一级酒庄的葡萄酒。而在20世纪90年代中期，亚洲四小虎也开始发威，追求豪华奢靡的生活方式。每一次，一级酒庄的葡萄酒都成为热捧的对象，一级酒庄的悠久历史以及可靠质量对新客户具有极大的吸引力，1855年列级就是悠久历史和高品质的具体体现。1997年，伦敦法尔葡萄酒商宣称他们的客户有40%来自亚洲，而苏富比拍卖行的施慧娜则认为他们的客户有三分之一来自中国香港、新加坡和泰国。

1997年，亚洲金融风暴曾使葡萄酒价格跌入谷底，不过酒价很快又涨上来，在接下来的10年当中，一级庄的葡萄酒价格一直呈上涨趋势。有人曾担心香港回归中国后会丧失一级葡萄酒贸易中心的地位，在我们看来，这种担心不但愚蠢至极，还多少有点自欺欺人。自2005年起，中国人就开始大批量购买葡萄酒，2008年的全球经济危机让他们得以以更实惠的价格去购买一级庄的高档葡萄酒。为了满足国民消费白酒的需求，中国每年要消耗2500万吨粮食用来酿造白酒，而种植葡萄则不需要肥沃的可耕地，在山坡地或相对贫瘠的土地上种植即可。这些举措不但让中国的地产葡萄酒得以发展，而且给波尔多葡萄酒业提供了更多的商机。从20世纪80年代起，列级一级酒庄的庄主们便定期去中国访问。如今中国已成为购买一级酒庄葡萄酒的主要进口国之一。

香港波尔多指数总裁道格·拉姆瑟姆对此解释道："这主要还是历史渊源和讲排场使然。几百年以来，当国王及世界各国的领导人前往波尔多参观时，主人都会请他们品尝一级酒庄的葡萄酒。每一代（国家）领导人前来参观都会提升一级酒庄的形象。所有的'超级二级酒庄'也善于推销自己，而且在亚洲市场进步很快，但他们无论如何也赶不上一级酒庄的水平。"

酒商贝瑞兄弟与洛德香港区总经理尼古拉斯·佩尼亚也同意这种说法："在各家列级一级的酒庄里，管理者首先是聪明的战略家，他们摸透了那些想享用全球最佳葡萄酒的人的心理，葡萄酒价格越贵，他们想喝这酒的欲望就越高。"

法国的作用

法国在这当中究竟扮演什么角色呢？一级酒庄的祖国肯定是最先接纳最佳葡萄酒的国家，这一点毋庸置疑。早在18世纪，拉菲庄和拉图庄的葡萄酒就深受国王及王室的喜爱，而侯伯王庄园甚至还一度归属于拿破仑一世执政时的外交大臣塔列朗。在14年当中，塔列朗一直雇用安托南·卡雷姆在城堡里当主厨，卡雷姆那时声名鹊起，被人称为“主厨之王及国王主厨”。一时间许多王公贵胄、政府首脑都成为侯伯王庄的座上宾，在欣赏卡雷姆高超厨艺的同时，还能品尝侯伯王庄的佳酿。塔列朗一度喜欢说：“厨房就是我的外交舞台。”在1814年11月1日召开的维也纳会议上，他的葡萄酒甚至成为会议指定用酒。时至今日，在法国政治事务中，侯伯王庄依然扮演重要角色。2011年7月，法国外交部长阿兰·朱佩（同时兼任波尔多市长）陪同德国外交部长基多·威斯特威勒参观了侯伯王庄。在参观侯伯王庄及美讯庄之后，两位外长又一起欣赏了阿尔布雷特·丢勒的版画并共进午宴，席间他们打开一瓶1990年产的侯伯王白葡萄酒（那一年两德统一），接着又打开一瓶1989年产的侯伯王红葡萄酒，那一年柏林墙被推倒，从而加速了两德的统一进程。

不过，虽然波尔多佳酿在法国本土市场上长久以来一直在萎缩，但基本上还算稳定，最近几年来名酒价格涨得太高了，像医生或律师这样阶层的人也有些承受不起，他们星期天也很少再喝一级庄的佳酿了。只有财大气粗的社会精英们还能享受这美酒。2010年，在伦敦举办的一次品酒会上，拉图庄的总经理弗雷德里克·昂热雷感慨道：“这些名酒是法国文化遗产的组成部分，我们非常感谢那些购买名酒的人。同时，我认为我们应该为波尔多的名酒感到自豪，因为波尔多名酒也像爱马仕、古驰及空中客车那样，成为全球最受欢迎的法国产品。”

LE CLASSEMENT DE 1855

5

1855 年列级

达尼埃尔·劳顿的办公室坐落在沙尔特龙码头60号，从办公室的窗口向外望去，加龙河的堤岸依旧静静地卧在那里，在160年当中几乎没有发生什么变化。当年达尼埃尔的曾曾祖父也是透过这一扇扇镶嵌着密封条的玻璃窗，向外眺望码头的繁忙景象，一艘艘巨大的商船泊靠在码头。船刚刚靠岸，批发商们便来到码头上，监督码头工人把食糖、香料、咖啡、茶叶、染料以及其他进口物品从船上卸下来，这些物品大都是从圣多明各、马提尼克岛以及瓜德罗普岛运过来的。接着，法国再用船把做家具用的黄铜饰件、面粉、布匹、瓷器以及葡萄酒运往这些海外省。

在19世纪中叶，波尔多呈现出一派欣欣向荣的景象，因为波尔多已成为法国最大的港口城市。从事各种商品买卖的批发商已取代贵族和议员，成为城市的主导力量。批发商每天雇用各种船舶，在驶入吉伦特河口湾之后，便沿着深入梅多克地区的河道，越过多尔多涅河与加龙河的交汇处昂贝斯沙嘴，再往前航行35公里，就抵达沙尔特龙码头，在一座座石砌仓库及批发商办公室前抛下锚来。

波尔多做大宗贸易的批发商携手货船船东，凭借进口食糖，买卖葡萄酒，做黑奴交易赚了大钱，摇身一变成为社会的精英分子。作为葡萄酒经纪人，劳顿一家也跻身于社会精英的行列。在波尔多经商的人数众多，生意也日益兴隆，在19世纪中叶形成颇有影响力的社会阶层，虽然在法国大革命后的几十年当中，他们的日子一直过得十分艰辛，但此时生活已经稳定下来了。

1855年，为庆祝法国重返欧洲大国行列，拿破仑三世决定在巴黎工业馆举办世界博览会，波尔多准备选送一批葡萄酒到世博会上展览，劳顿一家在选择送展葡萄酒方面起到非常重要的作用。不过，需要明确指出的是，关于1855年列级一事，我们手中掌握的材料并不完整，只有劳顿

右页：1855年列级名次通知函原件。

Bourse

DE

BORDEAUX.

Bordeaux, le 18 avril 1855

Les Syndic et Adjoints

Des Courtiers de Commerce près la Bourse de Bordeaux,

A Messieurs les Membres de la Ch
de Commerce de
Bordeaux.

Messieurs,

Nous avons eu l'honneur de recevoir votre lett
du 5 de ce mois, par laquelle vous nous demandiez la l
complète des vins rouges classés de la Gironde, ainsi que
de nos grands vins blancs.

Afin de nous conformer à votre désir, nous
sommes entourés de tous les renseignements possibles, &
avons l'honneur de vous faire connaître, par le tab

写下的零散日记，还有遗忘在城堡附属建筑里的文件以及市档案馆里保存的报纸剪摘等，要是没有美国历史学家小德维·马卡姆的细心研究，我们还看不到如此翔实的资料。在 1993—1997 年间，马卡姆花费了大量的心血，去搜集、整理各种原始资料，并汇编成一本书，此书已成为这一领域的经典之作。

德维·马卡姆的父亲生于纽约，获得纽约大学电影硕士学位，并成为一位著名演员。这样的家庭背景和波尔多葡萄酒业根本挨不上边，小德维·马卡姆似乎也注定当不上史学家，更不要说成为研究 19 世纪法国葡萄酒列级的专家了。不过，好像正因为他是局外人，才成功地说服了各庄园的主人，让他去查阅庄园的档案和史料，虽然各庄园主都确信，由于相关资料和史料极不完整，他根本无法完成细致的研究工作。“他们以为我什么也找不到，于是便放手让我去查找。”

然而，后来他才发现，对于一级酒庄来说，这个尘封许久的 1855 年列级体制就是一篮子螃蟹，正如在 1972 年，当菲利普·德·罗斯柴尔德为提升木桐庄的地位而争得不可开交时，皮埃尔·佩罗马也发出过这样的感慨。

为波尔多葡萄酒列级

乍一看，1855 年列级和人与人之间的冲突以及各酒庄之间的竞争根本不沾边。列级主要是针对葡萄酒批发商，而非为公众设立的，不过人们并未料想到，它后来对葡萄酒爱好者竟发挥出如此重大的作用。它当时只是反映出波尔多葡萄酒在市场上的价位，并部分采纳了几百年前所设立的列级方法。当时人们以为还应该有更多相似的列级规范。

马卡姆将纪尧姆·劳顿的名酒分级表也写入自己的书中，此外还列举了其他一些更简单明了的分级表，这些分级表大多是从 17 世纪中叶开始建立起来的，最为珍贵的分级评价就是托马斯·杰斐逊于 1787 年写给他妻弟的信。在其中的一封信里，杰斐逊描述了四款一级庄的葡萄酒，认为这四款酒是波尔多最为名贵的葡萄酒，他的分级评价要比 1855 年的列级评选早了将近 70 年。不过，还有更让人感到惊讶的呢——早在 1723 年，英国一位葡萄酒进口商就宣称：“拉图、拉菲、玛歌和彭塔克是四家最棒的庄园，他们出产的葡萄酒绝对是顶级佳酿！”他说这话的口气倒真像是贪吃的美食家。根据经纪人所记录的数字以及波尔多和伦敦葡萄酒批发商登记簿上的记载，1855 年，四家一级庄的酒价比其他庄园的都要高，这种高价格至少已维持了 150 年，而侯伯王庄的高价格更是维持了将近 200 年，这一点是毋庸置疑的。一般来说，经纪人会最先公布一级庄的价格，以试探市场的反应，接着再公布其他庄园的价格，人们正是用一级庄的价格去评估每一酿造年份的价值。经纪人依照参考价格，再将列级细分成不同等级：3000 法郎为一级，2500 至 2700 法郎为二级，2100 至 2400 法郎为三级，1800 至 2100 法郎为四级，1400 至 1600法郎为五级。然而在仔细观察细节时，人们会发现一幅更生动的画面。1855 年，经历了几十年经济危机的波尔多地区刚刚缓过劲来，那场危机甚至波及一级酒庄。受经济危机影响最大的是侯伯王庄，约瑟夫·欧仁·拉里厄当时正想方设法筹集资金，以维护好葡萄园。依照当时有关人员的说法，许多酿造了一定年份的酒都堆在酒窖里。但遭受如此打击的并非侯伯王庄一家，在 1855 年之前，拉图和玛歌庄都以“认购”形式来卖他们的葡萄酒，劳顿登记簿的记载也证实确有此事。

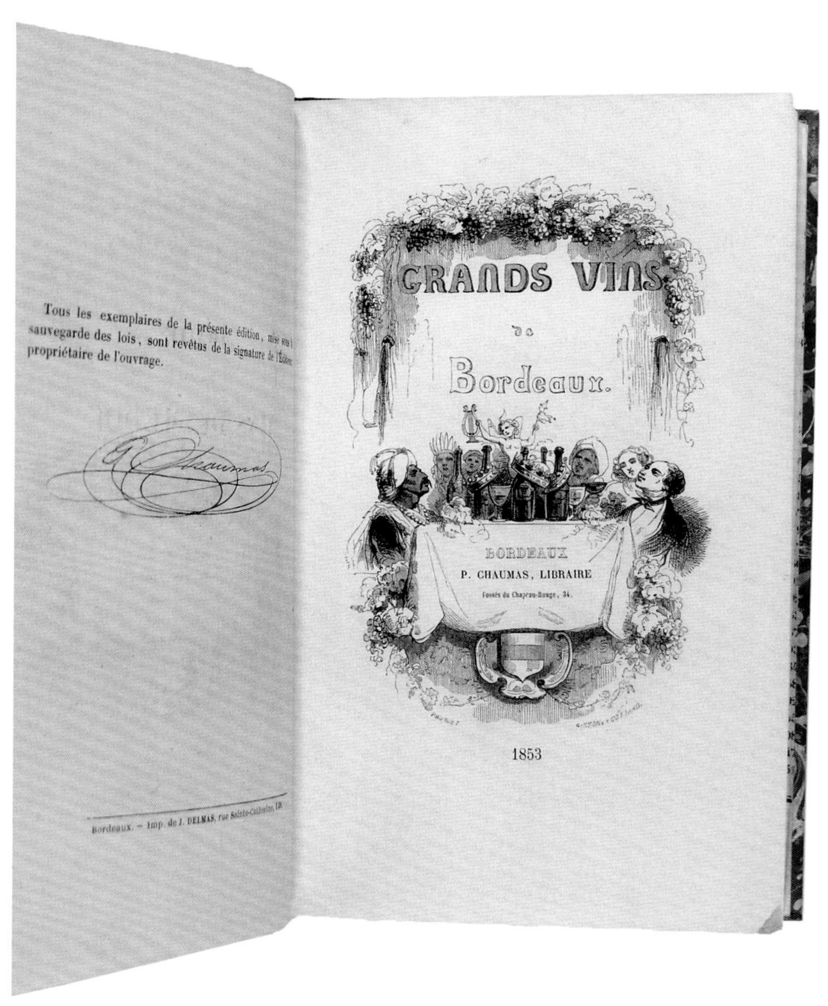

Tous les exemplaires de la présente édition, mise sous
sauvegarde des lois, sont revêtus de la signature de l'Édi
propriétaire de l'ouvrage.
P. Chaumas
Bordeaux. — Imp. de J. DELMAS, rue Sainte-Catherine
GRANDS VINS
de
Bordeaux.
BORDEAUX
P. CHAUMAS, LIBRAIRE
Fossés du Chapeau-Rouge, 34.
1853

上图和右页：早在 1855 年列级体制问世之前，已有其他列级资料公布于众。

这意味着在一定时间内（通常为10年），某一酿造年份的葡萄酒是以固定价格来销售的。比如在1844至1852年间，玛歌庄的葡萄酒一直以每桶2100法郎的价格出售；而拉图庄的葡萄酒在1844至1853年间每桶只卖区区1750法郎，仅相当于巴顿嘉斯蒂庄园的价格。在1855年之前的几十年当中，一级酒庄的酒价一直很不稳定，只有拉菲庄还稍好一些，拉图庄的葡萄酒价格甚至跌得惨不忍睹，比其他一级庄的价格要低很多。与此同时，木桐庄园的酒价却在上涨。

1851年酿造的葡萄酒就是一个很好的例子。1851年秋季，葡萄长势良好，是采摘的好年份，到了1852年6月份，木桐庄园的主人拒绝执行酒商此前开出的报价，即每桶1700法郎，要求把价格提升到每桶2000法郎。几个月过后，木桐庄以每桶2400法郎的价格卖了三桶葡萄酒，赶上了其他一级酒庄的价格（只有拉菲庄的葡萄酒依然保持每桶3000法郎的高价）。“根据以往的经验，我们知道要是再等等的话，木桐庄的葡萄酒会卖得更好，我们以后再也不会贱卖了。”洛朗·富尔德这样写道。当时木桐庄的主人是蒂雷家族，洛朗是家族成员，一直在为提升木桐庄的地位埋头苦干。“在葡萄酒品质方面，其他所有二级庄的酒与布莱恩-木桐庄的酒相比，仍然有很大的差距，我对此深信不疑。”

到了1853年，木桐庄第三批1851年份的葡萄酒卖到每桶3000法郎，让木桐庄的葡萄酒在价格上能与拉菲并驾齐驱。此后不久，木桐庄的葡萄酒售价竟高达每桶3800法郎。

就在那同一年，蒂雷家族将庄园卖给纳撒尼尔·德·罗斯柴尔德。1853年份的葡萄酒刚开始销售时，纳撒尼尔成功地将价格提升到每桶5000法郎，从而再次和拉菲庄的价格平起平坐。

德维·马卡姆写道：“二级庄有魄力敢于向一级庄叫板，并卖出相同的价格，这还是有史以来第一次。这一壮举也证明某种说法是真实可信的，有人说列级一级的酒庄以后将由四家变为五家。”

尽管如此，为世界博览会选送葡萄酒并未考虑这些因素。巴黎世博会组织者发来的要求只提到所选送的葡萄酒要有代表性，酒瓶上不能贴标签，但必须是那一地区最好的酒。波尔多工商会承担起向巴黎世博会呈送葡萄酒样的工作。

工商会曾先后两次向各葡萄庄园发出邀请，但各庄园似乎对此并不那么上心，不过工商会还是收集到 23 款红葡萄酒和 10 款白葡萄酒，并将酒样寄往巴黎。

接下来我们就要了解这些酒样是如何介绍给公众的。洛蒂－马丁·迪富尔－迪贝热耶时任波尔多市长，同时也是一家酒庄的主人，他应组委会要求，绘制了一幅各大庄园在波尔多地区的分布图。为了让分布图看上去更有意思，他决定把著名列级酒庄的名字都清楚地标在分布图上。为此，他特意于 1855 年 4 月 25 日给商贸经纪人协会写了一封信，要协会提供一份“本地区所有列级酒庄的名单”，名单最好能做得“准确、完整”。商贸经纪人协会由六名成员组成，他们都是波尔多人，但从事不同的职业，既有做保险业的，也有做地产生意的，他们当中只有一个人是做葡萄酒买卖的，他名叫夏尔－亨利·乔治·梅尔曼，于 19 世纪初在波尔多创办了一家葡萄酒经纪公司。他翻阅了自己保存的资料，查阅了更久远的列级文件，并和让－爱德华·劳顿那样的同僚私下里交换过意见。两个星期过后，1855 年列级文件便于 1855 年 4 月 18 日提交给波尔多工商会。

直到那个时候，所有的一切都非常简单。工商会已将酒样寄往巴黎，实际上这些酒样和列级名单上的酒没有任何关联，马卡姆也注意到这一点，因为在确立那份列级名单时，组织者既没有到实地考察过，也没有去品尝葡萄酒或寄送酒样。不过，这些评选举措确实没有必要，因为所有的经纪人都知道他们应该买哪个庄园的葡萄

右页：木桐－罗斯柴尔德城堡内的挂毯图案。

酒。正像梅尔曼所做的那样，他大概也向同僚们提起过列级酒庄名单的出炉过程，觉得这事做得光明磊落，他本人对此也很满意。

政治游戏

不过，一级酒庄对列级评选一事还是很认真的。自从听说要在世界博览会上推介葡萄酒，时任拉菲庄总经理的蒙普莱奇·古达勒便给工商会写信，请求在送展葡萄酒上贴拉菲庄园的标签。

蒙普莱奇的父亲约瑟夫·古达勒曾将拉菲庄的葡萄酒做成一级酒庄里售价最贵的酒。约瑟夫自己也做经纪人，由于价格因素，他放弃了荷兰市场，转而专做英国市场，这样就可以把葡萄酒卖得更贵，并在销售体系内使用必要的手段，以确保拉菲庄的葡萄酒能卖出更好的价钱。1826年，自从蒙普莱奇掌管家族业务之后，约瑟夫在管理拉菲庄的同时，也操持经纪人的事务，不过为了把拉菲庄葡萄酒维持在很高的价位上，他还是倾注了大量的心血：不但要优化葡萄园的种植条件，还要刻意去维护好酒高品质的声望。他甚至亲自跑到客户那里和他们碰面，有时也把葡萄酒直接卖给终端客户，而且绝不和酒商签订长期采购合同。1855 年，有一位作者这样写道："从纯商业层面上看，在梅多克葡萄酒产区里，拉菲庄应该排在第一位。在近 10 年当中，拉菲庄是唯一致力于提高葡萄酒质量的庄园，因为葡萄酒的销售是要靠质量作保障的……"

古达勒急于将 1846 年份及 1848 年份的葡萄酒推介给世界博览会，因为这两个年份的葡萄酒库存太多了，他很想把库存都卖出去，却又不愿意接受波尔多酒商开出的价钱。他通知工商会，将每一年份的葡萄酒呈送三瓶，送到波尔多市属货栈，以便运往巴黎，不过他要求酒瓶的标签上要注明庄园主人塞缪尔·斯科特以及总经理蒙普莱奇·古达勒的名字。

波尔多市当局（主要是市长迪富尔-迪贝热耶）委婉地拒绝了这一要求，但他们没有料到古达勒有一股韧劲。古达勒决定把这一诉求提交给上级机构。他甚至在巴黎拜会了拿破仑·热罗姆王子，热罗姆当时任世博会组委会主席。古达勒好像说服了王子，因为在发给波尔多市政府的信函中，王子写道："葡萄酒生产商有权先于酒商获得补偿……允许庄园在样酒上标注葡萄酒的品牌及庄园主的名字。”

工商会不得不服从这一指令，不过还是声明将由工商会用统一的格式去书写标签，这样看上去整齐划一。古达勒对此极为恼火，一怒之下将拉菲庄的葡萄酒从官方展台上撤下来，决定放到其他展台上展览，并用自己的标签去推介拉菲庄。出于同样的原因，侯伯王庄的拉里厄也把自己庄园的葡萄酒放在其他展台上，但玛歌庄和拉图庄并未脱离官方展台。

这也算是和列级评选密切相关的“神话”之一，还是让我们去回顾一下获奖结果吧。1855年11月15日世界博览会闭幕，在闭幕仪式上，吉伦特省的列级葡萄酒获得几项大奖。根据列级评选排列的顺序，玛歌、拉菲和拉图获得一等奖。在品酒环节上，玛歌酒获得满分 20 分，其他一级庄的酒获得 19 分。拉菲酒也荣获一等奖，蒙普莱奇 · 古达勒还获得最佳工匠和最佳展出者两项荣誉奖。不过有迹象显示，古达勒之所以有这股韧劲，是因为他私下里使了银子，那种认定拉菲是“一级当中的一级”的传统说法似乎并不名正言顺。

由于侯伯王庄没有向工商会呈送酒样，工商会一再要求在展会上不能提侯伯王庄的名字。侯伯王庄在其他展台上顺利展出自己的葡萄酒，不但荣获一项荣誉奖，还被列级为一级酒庄。索泰尔纳甜酒也被送到博览会上参加评选，伊甘庄园在所有参加列级评选的庄园里独占鳌头，被评为特等一级庄。

木桐庄问题

木桐庄究竟发生了什么事情？木桐庄为什么在 1973 年之前一直未对外宣布自己是一级酒庄呢？要想弄清楚这一点真不是一件容易的事，因为在 1855 年列级公布过后 160 年以及木桐晋升一级庄 40 年之后，这事依然会引起巨大的反响。

有一点是很明确的，五座一级酒庄全都具备制作名酒的各种条件，而且运气不错，都抽到了好签不说，还受到消费者的热捧。尽管如此，好运气不会总是均衡地分配给每一个人，在展露自己的雄心方面，木桐庄总是落在别人的后面。在 18 世纪 30 年代，波尔多地区有一份名为《生产者》的期刊，有人在期刊上撰文，首次提到木桐庄应该享有一级庄的地位，不过那个时候，木桐庄的主人似乎对这个举荐并不在意。后来到了 1855 年，又有两篇署名文

章支持同一观点，一篇是由木桐-达玛雅克庄的主人撰写，另一篇则出自前酒商夏尔·皮埃尔·德圣阿芒的手笔。

但是木桐庄迟迟没有听从他们的意见。1851 年 3 月，伊萨克·蒂雷（就是在 1830 年收购布莱恩-木桐庄的那个巴黎银行家）曾就 1855 年列级评选一事写信征求总经理莱塔皮的意见，莱塔皮在复信中写道："作为在二级庄里排列首位的庄园，木桐庄应该保持自己的位置。我知道列级早已确立好了，如果拉菲庄能卖出好价钱，木桐庄的酒至少也能值那个价钱。"

莱塔皮也是葡萄酒商，他不想打破行业里的既定秩序。木桐庄主人即便有雄心向列级名次发起挑战，将庄园提升到一级庄的行列，可只要莱塔皮还在总经理的位子上，主人的雄心再大也不过是纸上谈兵，好在第二年他就被撤换掉了，由更精明强干的泰奥多尔·加洛来接替他。由此，庄园开始变得更现实，玛歌庄和拉图庄以认购形式销售葡萄酒，木桐庄从中获益匪浅，不但需求量增加了，而且价格也涨上去了。尽管如此，加洛深知波尔多官场十分微妙，于是便建议庄园主人不要将争取晋升到一级庄的意图向外透露出去。

在世界博览会期间，加洛好几次想方设法去提升木桐庄的列级，但工商会不想再让庄园的某位经理牵着鼻子走，因为拉菲庄的古达勒在世博会推介葡萄酒这事让

上图：菲利普·德·罗斯柴尔德男爵和他的女儿菲丽宾·德·罗斯柴尔德女男爵。
右页：1954 年 4 月在"邦唐骑士领地"上登载的广告："四大名庄，贵族风范"。

工商会丢尽了颜面。

纳撒尼尔对这种局面感到非常失望，后来为庄园制定了一条著名格言：“第一不能，第二不屑，唯我木桐。”（原文为：“Premier ne puis, second ne daigne, Mouton Suis.”）从中不难看出这种极度的失望感。若干年后，木桐庄的葡萄酒在多次评选中获得金奖。尤其是 1900 年在巴黎世界博览会获得大奖证书（最高荣誉），1905 年在列日世界博览会上获得最高奖。当他的曾孙菲利普男爵接手木桐庄时，木桐庄的葡萄酒已被公认为“二级庄的顶级”酒，有时能卖到一级庄的价钱，但售价往往还是要比一级庄略低一点。

1922 年，当菲利普男爵来到木桐庄园时，发现庄园里既没有通电，也没有自来水，他祖父和父亲一直住在巴黎，只做撒手掌柜，让当地人去管理，忽略了庄园的基础设施建设。

菲利普是罗斯柴尔德家族当中第一个

1853 - 2003

Adjudication

en faveur de M^r le baron

Nathaniel de Rothschild.

2003

Château

Mouton Rothschild

在波亚克住下来的人，但他依然有闲暇去开赛车、看话剧、参加帆船比赛、到各地去旅行。他也是家族当中第一个感受到庄园有无限潜力的人。他把葡萄种植及酿酒技师会集在一起，组成一个技术团队，征询他们的意见，以便改善葡萄种植业，投资采购酿酒设备。他刚来庄园常住时，管理层的人还感到有些沮丧，不过大家很快就觉得这对庄园确实有好处，即使到了今天，如果有人来波亚克，打听去罗斯柴尔德庄园的路，当地人肯定给他指去木桐庄的路，而不指去拉菲庄的路。

虽然菲利普男爵给波尔多上流社会带来一些不安，但他应该对自己所开创的局面感到满意，尤其是市场认可木桐庄的酒，认为木桐庄各年份的酒可以同拉菲及其他一级庄的酒相媲美。不过在1949年秋末，当他的堂弟埃利·德·罗斯柴尔德接手拉菲庄时，这一局面便被搅得天翻地覆。埃利年轻、帅气，是战斗英雄，曾守卫马其诺防线，被俘后被关押在科尔迪兹战俘营，后来极喜好狩猎，又酷爱体育运动。况且他还和家族其他人一样擅长金融业。要是在其他领域里，同一家族的两位男爵也许会成为好朋友。菲利普虽然比埃利大15岁，但同样也是战斗英雄，并获得荣誉奖章，作为自由法国抵抗运动的战士，他参加了1944年6月发动的诺曼底登陆战役。他喜欢赛车和帆船比赛。但家族的竞争在所难免。

我们的信息大多来源于菲利普男爵的自传，他讲述的故事都是刻骨铭心的记忆。男爵回忆起自己刚过50周岁时发生的事（1952年4月），不管怎么说，他决定一定要为提升庄园的地位而奋斗。他刚从庄园管理人爱德华·马尔雅利那里获悉，木桐庄被排挤出五大名庄俱乐部，这个俱乐部是他在20世纪20年代与拉菲、拉图、玛歌和侯伯王庄共同创建的。

“他们刚刚在一起开过会，决定将他们的团体命名为‘四大名庄协会’。您被排斥在外。他们说您无权把自己指定为一级庄。”马尔雅利把这个消息告诉菲利普男爵。这确实是埃利男爵干的事，他只把1855年列级为一级的庄园聚拢在一起，创立了这个小团体。几天过后，新团体在报纸上刊载了一篇广告，标题为“四大名庄，贵族风范”（原文为：“Les Quatre Grands. Noblesse oblige.”），这无疑是往木桐庄的伤口上撒盐呀。

对于菲利普男爵来说，这是一个决定性的事件，他要为家族在1855年遭受

左页：木桐－罗斯柴尔德城堡。

玷污的荣誉昭雪，并把这一志愿时刻铭记在心。从那时起直至 1973 年，他花费了 20 年的时间，不断上书葡萄酒业的决策机构，在报纸上撰写文章，举办各种讲座，抓住机会与更高一层的行政部门负责人碰面，总之就是要想方设法去攻破那个所谓的“波尔多传统堡垒”。

漫漫晋升路

讲述木桐庄晋升一级庄的故事就是要立足于各种文献资料，去还原这段历史，在查阅报刊文章、官方文件、相关人员的证言以及费雷版波尔多葡萄酒指南[1]的同时，还要鉴别哪些是史实，哪些是杜撰的故事。当然最重要的是要向一个人表示敬意，敬佩他有如此坚忍不拔的恒心。

在此之前，列级名次只修改过一次，1855 年 10 月在世博会闭幕前，坎特美乐庄园被列入五级庄行列。从那时起总有人在抱怨，希望能有机会重新列级，但考虑到某些特殊集团的利益，重新列级的事一直未能实现。

有人告诉菲利普男爵，唯一有权修改列级的立法机构就是分级葡萄酒行业协会（今称 1855 年列级名酒理事会），他要说服行业协会的大部分成员，让他们相信有必要修改列级名次表。菲利普男爵见了这个人之后，再去见另一个人，分别去做说服工作，但每次都遭到冷遇。

到 1959 年底时，他已约见过行业协会的所有成员，并设法去说服他们。于是，人们决定就修改列级一事举行投票，投票安排在波亚克镇政府里举行。投票结果是：29 票反对，31 票赞成。这一结果后来又提交给法国国家原产地命名管理局，去申请报批。即便获得批准，也还要上报至农业部，由农业部在立法层面上对原产地命名管理局的建议作最终认定。

五个月过后，即 1960 年 4 月，菲利普男爵在原产地命名管理局详述申请晋级

[1] 费雷出版社曾于 1850 年出版了一本介绍波尔多葡萄酒的指南，各庄园的葡萄酒依照优劣排序，这也是最早的酒庄列级著作之一。

的理由。他初步得到一个积极的结果：五个月之后，原产地命名管理局秘密地设立一个新列级名次表，木桐已跻身一级庄行列。不过，新列级名次表也把 15 家早已列级的庄园剔除在外，一场行业风暴在威胁着波尔多。报界对这种暗箱操作的丑闻也作出反应，1963 年 11 月 20 日，《泰晤士报》以“波尔多的冲突”为标题，历数新列级名次表一旦出笼将给市场带来的冲击和破坏。菲利普男爵本人也对此持批评态度，他说：“不管怎么样，我们还是需要盟友的”。

见自己已陷入进退两难的窘境，男爵便将诉求提交给更高一级的行政机构，提交给农业部长本人。农业部指派专人接待了他，但他的立场过于激进，抨击法国有关葡萄酒酿造业的法律，称大部分法律条款已经过时了，这让原产地命名管理局对他更加反感。

几年过后，这场争执似乎愈演愈烈，不过总体局势还是朝有利于男爵的方向发展。晋升一级庄的主要障碍还是其他几家一级庄极力反对。拉菲庄肯定反对，菲利普男爵后来还听到玛歌庄的主人贝尔纳 · 吉内斯泰说过这么一句话：“我的天呀！就为这么一个人为弄出来的列级，竟然不惜花费这么长时间、这么多心血、这么多财力物力！为自家庄园的声望去打拼真是什么都舍得！”侯伯王庄主美国人狄伦一家则对男爵的努力表示理解，虽然拉图庄至此一直不想明确表态，但在 1963 年拉图庄被考德里勋爵的皮尔森公司收购之后，菲利普男爵感觉拉图庄有可能成为潜在的盟友。不过，他依然不放过任何机会，继续向巴黎的政界提交自己的诉求，先后拜会了五任农业部长：皮萨尼、迪阿梅尔、富尔、库安塔、希拉克。与此同时，他想方设法让自己的葡萄酒赢得市场的尊重。“在 20 世纪 60 至 70 年代间，作为晋升一级庄计划的具体举措，菲利普男爵将葡萄酒售价定得高于拉菲庄的价格。而在 70 年代，他的酒要比他堂弟的酒贵 10 先令。那时候，这个差价已经很大了。”葡萄酒历史学家尼古拉斯 · 费斯解释道。

1969 年，法国迎来新任总统乔治·蓬皮杜（曾任罗斯柴尔德银行总经理），还迎来一位新任农业部长埃德加 · 富尔。富尔签署一项法令，要求原产地命名管理局进行改革。管理局也换了局长，新局长名叫皮埃尔·佩罗马，而且还增加了新成员，新成员不是别人，恰好就是菲利普·德·罗斯柴尔德男爵。也就是在那个时候，佩罗马称列级酒庄是“一篮子螃蟹”，法国政府决定不再亲自过问此事，而是把决定权交给波尔多工商会，工商会作出的反应是：“先生们，有人要我们再做一次葡萄酒列级。我们该怎么做呢？”

波尔多著名律师皮埃尔·西雷负责找出解决问题的方案，他将方案介绍给工商会：“先生们，我仔细研究过这个问题……在我看来，根据波尔多地区的法律，在各类分级当中，‘分级葡萄酒’确立了某一庄园的高水平，庄园应是属于某人或某个家族的私有财产。先生们，在此最关键的词是‘私有’。”

“因此，既然‘分级葡萄酒’涉及私有财产，其庄园的土地及所酿葡萄酒亦属于私有财产……那么‘分级葡萄酒’就等同于向庄园的所有者或财产的拥有者颁发一种荣誉。然而在民主社会里，国家不能将自己的意愿强加给财产的拥有者，也不能不经他允许就去为他的产品分级。”

就这样，他提醒大家注意，要重新做列级分级，就必须征得所有庄园主的同意，因此他建议组织一次葡萄酒竞赛，所有的庄园主均可随意举荐自己的葡萄酒。评审委员会同意组织竞赛，但要一级一级地去做，以避免梅多克地区的葡萄酒商趁机去提价。竞赛肯定要从最高一级开始。1973年6月27日，波尔多农业厅颁布政令，宣布要为一级酒庄举办葡萄酒竞赛，而竞赛早在1972年9月2日就已开始了。

评审委员会成员聚集在波尔多，以监督竞赛过程，其中有波尔多工商会的路易·内布，酒商协会主席雷蒙·勒索瓦热，还有酒商协会的三位同事安德烈·巴拉雷克、阿兰·布朗希和达尼埃尔·劳顿，他们负责监督竞争对手。评审委员会有最终裁定权，不过还有一个非正式的评委会，这个评委会由另外四家一级酒庄组成，他们的意见同样十分重要。四家一级庄此前得到保证，这次竞赛并不是要推翻1855年列级，而是设定一个新的列级，即1973年列级，在拿到这样的保证之后，四家一级庄也聚集在一起。此外，有人声称会把他们的副牌酒降到更低一级的列级里，就是为了让他们认真去对待竞赛。比如拉图庄的副牌小拉图必须要参加竞赛。这次列级只涉及梅多克产区，侯伯王庄不参加竞赛，不过侯伯王的总经理西摩·威勒将出席所有的评审会议，这显然会让木桐庄受益。

时任拉图庄总经理的让-保罗·加代尔如今已93岁了，他住在波尔多附近的

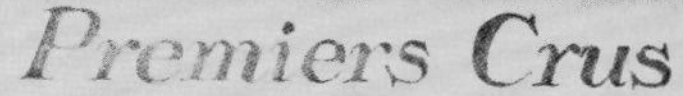

Classement de 1973

MISE A JOUR DU CLASSEMENT DE 1855

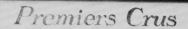

par ordre alphabétique
Arrêté du Ministre de l'Agriculture

CHATEAUX

LAFITE ROTHSCHILD
LATOUR
MARGAUX
MOUTON ROTHSCHILD
HAUT BRION *par assimilation*

DEVISE DE MOUTON ROTHSCHILD

1855 Premier ne puis, Second ne daigne,
Mouton suis.

1973 Premier je suis, Second je fus,
Mouton ne change.

勒布斯卡，过着平静的生活。回忆起那时的评审会议，尤其是回想起1972年底在拉图城堡举行的会议时，他摇了摇头，嘴边露出微笑："菲利普男爵是一个极固执的人，不拿到一级他誓不罢休，你必须得给他。不过到最后，我们也都烦了，这事让大家看出来，每个人意见都不一致。"最后一次私下会议是在1973年5月召开的，几位一级酒庄庄主也都到场了，他们是玛歌庄的贝尔纳·吉内斯泰、拉菲庄的埃利·德·罗斯柴尔德男爵、拉图庄的考德里勋爵以及侯伯王庄的道格拉斯·狄伦。几天过后，菲利普男爵收到从拉菲庄寄来的信函，信中说所有的一级酒庄"不再反对木桐-罗斯柴尔德庄园晋升为一级庄"。

既然非正式评委会已经同意了，那官方评委会也就顺水推舟，让竞赛得出一个令人满意的结果。同意木桐晋升一级庄的结论签字盖章之后，寄往巴黎报批。当年的官方评委会成员当中只有达尼埃尔·劳顿依然在世，他对从1972年9月2日至1973年6月21日持续9个月的竞赛依然记忆犹新，感觉好像翻过一座又一座山峰，经过艰苦的攀登之后，又是漫长的等待："路易·内布这人很聪明，头脑清晰敏锐，他自始至终在给我们鼓劲，让我们不要放弃。有时候我们甚至以为这一诉求不会得到积极的结果，但菲利普男爵没有丝毫要放弃的意思。从各方面来看，他确实是一个充满激情的人，为木桐庄倾注了全部心血。"

"正如大家所预料的那样，木桐庄晋级以后，后面四个级别的竞赛不过是走走过场罢了。"劳顿感慨道，"但我还是很高兴能向这个人表达我的敬意，他为梅多克和波尔多做了这么多事情。一级庄的名誉应该属于他，而且他的葡萄酒也配得上一级庄名酒称号。"

为了庆祝木桐庄晋升一级庄，木桐庄特请毕加索为他们绘制了1973年份的木桐酒标，那句名言最终可以写在酒标上了："原为二级，现晋一级，木桐依旧。"（原文为："Premier je suis，second je fus，Mouton ne change."）后来，为了感谢评委会的支持，每年圣诞节，木桐庄都送给评委会成员每人一箱木桐-罗斯柴尔德庄园的葡萄酒。罗斯柴尔德一家也不会忘记雅克·希拉克对他们的扶持，1973年时任农业部长的希拉克签署了批准木桐庄晋级的政令。2011年6月，在木桐晋级一级庄28年过后，贝尔纳黛特·希拉克夫人作为嘉宾，为罗斯柴尔德的另一庄园——克拉米伦庄园的新酒窖剪彩。

今人如何看 1855 年列级

“1855 年列级最神奇的地方就是它简单明了。”香港皇冠酒窖总经理格雷戈里·迪耶布感慨道。他拿起红葡萄酒杯，轻轻地呷了一口酒，仿佛在遐想之中为已有 150 多年历史的列级干上一杯。

“每次人们感觉它该寿终正寝的时候，它却再次展现出自己的价值。正如帕克所说的那样，1855 年列级是一份简单的数字列表，它所列出的信息稳定、可靠。经验丰富的收藏家拿它当作宝典，谈起与其相关的事情时总有说不完的话题，而对于刚刚接触波尔多红葡萄酒的人来说，它可用来作规范，从而让他们更好地了解最好的葡萄酒。当然最重要的是，如此古老的列级体系深受各国文化的推崇，尊重传统和历史底蕴已升华到文化层次，不但亚洲是这样，欧洲也同样如此。”

他转身又坐到沙发上，却依然在思索刚才的问题。这个瘦弱的男人说话语速极快，头发乱蓬蓬的，但顶部头发已变得稀疏，显出轻微的谢顶，不过他总是透出一股活力，不管走到哪儿，还没见到他本人，就早已感受到他的活力了。他总是在最恰当的时机出现在最恰当的场合。在一级酒庄这部庞大的机器里，香港皇冠酒窖就是其中的一个齿轮：酒窖建在一座废弃的地堡里，贮存着全世界各种顶级名酒，数量高达 50 万箱。

香港皇冠酒窖主体建筑的门脸很不起眼，入口处开在香港岛南岸的深水湾道上，这条街道很窄，两边是陡峭的山岩。皇冠酒窖的保安措施很严密。一进大门就是私人俱乐部会所、餐厅和办公室，不过所有的葡萄酒都贮存在深山下的隧道里，总共有 6 座酒窖，深度为 18 米，混凝土墙体厚达 1 米，上面再扣一个厚度为 3.5 米的混凝土罩盖。要通过 12 米长的通道，才能进入酒窖，通道上设置了一道道闸门。这里原是地下军火仓库，建于 1937 年，是第二次世界大战期间英军抗击日本人的最后一座堡垒。这座地下军事设施具有非常重要的历史意义，联合国教科文组织将其列入世界文化遗产名录。由于香港房地产价格一直居高不下，皇冠酒窖的地产价值已攀升至 30 亿港币，约合 2.98 亿欧元，还不包括酒窖里葡萄酒的价值。

作为这座酒窖的总经理，迪耶布亲眼

毕加索为木桐-罗斯柴尔德庄园设计的酒标。

目睹了中国葡萄酒市场的迅猛发展，这也是他非常喜欢谈论的话题。自从香港政府于 2008 年取消葡萄酒进口关税之后，香港已成为世界顶级红葡萄酒的重要贸易中心之一。但目睹这一市场发展的并不是只有他一个人。

香港的另一位葡萄酒行家就是波尔多指数总裁道格 · 拉姆瑟姆，他同样也是这个市场发展的见证人。在他看来，1855 年列级的魅力就是超越了文化的范畴。“这并非仅仅是因为中国人尊重悠久的历史，对于收藏家和爱好者来说，整个葡萄酒领域有许多吸引人的因素，当然这些因素都和数字有关。究竟是 1983 年份的酒好呢，还是 1982 年份的酒更佳，收藏家们对此并不争辩，他们只依照帕克的百分制去衡量酒的价值和可靠性，拿自己的见解同若干庄园或年份的评分作比照。这个数字的最高标准就是 1855 年列级：5 个等级，61 座庄园以及仅有的 5 座一级庄！这个结果很清楚：如果白纸黑字写着这些葡萄酒是最好的，那就一定是最好的。”

1855 年列级对葡萄酒市场一直发挥着重要的影响，除此之外，它无疑还是世界名酒市场发端的源头。全世界只有不到 1% 的葡萄酒属于“投资级别”，也就是说，有人正是出于投资目的才买这些酒的，而这些葡萄酒当中一半以上都是 1855 年列级酒庄出产的。

1855 年列级佳酿之所以是优质投资产品，除了 160 年的名望之外，还因为所有佳酿都用同样的原料，即赤霞珠葡萄。人们往往低估了这个葡萄品种所起的作用，它的酸度及饱满的单宁结构使葡萄酒能长久存放。当然，波尔多的海洋性气候也是不容忽视的因素，当地庄园酿出的葡萄酒可藏酿的时间最长久。用赤霞珠酿造的上好葡萄酒可以藏酿 10 至 50 年，葡萄酒爱好者也就有更宽裕的时间与其他爱好者交换自己喜爱的品牌。

“这种长久的藏酿能力不仅仅对商贸有好处，还可以确保长期及分散式供应链的实施，一瓶葡萄酒在其漫长的藏酿过程中可以经过多人转手。”让－路易 · 库佩解释道。库佩是投资银行家，他的公司专为收购酒庄的潜在投资者提供咨询服务。

“1855 年列级体制保护左岸的所有列级酒庄，而且列级体制一直在不断增强。”库佩补充道，“1855 年这块‘招牌’取得如此巨大的成功，也让所有列级酒庄的价格变得非常牢固，以至于各庄园拥有大量的现金，其他庄园对此连想都不敢想。因此他们可以投资扩建葡萄园和酒窖，把其他庄园远远地甩在后面，差距也就越拉越大了。所有 1855 年列级的名庄都是偶像，当然他们从中也获得许多好处，而一级酒庄则一直处于主导地位，这一点是有目共睹的。”

辐射效应

波尔多既不是世界贸易中心，也没有著名的拍卖场所，但葡萄酒列级却凭借辐射效应继续施展经济影响力。各种经营活动都围绕着列级而展开，其中既有熟食店，也有花店，还有新闻机构以及市场营销处。当然还有一些机构是借庄园的招牌建立起来的，比如有些导游带着游客走马观花，观看各处名庄的外景，去领略葡萄酒文化的魅力。

“1855 年列级意味着才干和技术诀窍。”弗朗索瓦 · 吉尤言简意赅地道出列级的实质，吉尤是波尔多左岸名庄协会成员，左岸名庄包括梅多克和格拉芙、索泰尔纳和巴萨克等地区的庄园，这个协会是波尔多官方团体之一，其宗旨是推介左岸地区的列级葡萄酒。“1855 年列级不仅仅是针对葡萄酒的一种基准，而且对在那一地区工作的人也是一种认可，他们在那里学到的技术将为他们打开通往所有职业的道路。可以说 1855 年列级是波尔多的标志，正如埃菲尔铁塔是巴黎的标志一样。”

CHATEAU
LATOUR
1878

Rufino Tamayo

1998

toute la récolte a été mise
en bouteilles au Château

Château

PAUILLAC

20e

SIÈCLE

6

20世纪

我们再回过头来看 1855 年以后的那一时段。在即将进入 20 世纪的时候，谁也没有想到，将来有一天葡萄园的地价竟然会高得令人难以置信，一瓶葡萄酒的价格相当于好几个月的工资。那个时候，人们只有一个念头，就是一定要坚持下去。

在 19 世纪下半叶，一级酒庄庄主曾遭受三重打击：粉孢菌、霜霉病及根瘤蚜先后侵袭葡萄园，让他们蒙受巨大损失，而新世纪也并未给他们带来喘息的机会。在 50 年当中，他们遭遇了两次世界大战、一次金融危机（梅多克的地价一度跌至全法国最低），他们最大的市场（美国）又实行禁酒令，而五座一级酒庄当中就有三座换了主人。

拉里厄家族对侯伯王庄的所有权只维持到 1922 年，拉里厄后因联姻改名为米勒雷，侯伯王庄被拉里厄家族的银行阿尔及利亚投资公司没收。这家公司是由在阿尔及利亚和突尼斯的投资者创建的，在 20 世纪 20 年代一度成为最兴旺的金融机构之一。但这家机构并没有能力去管理一个始终亏损的庄园，于是很快便将其脱手，转卖给另一家银行“格勒内勒保税局”。

虽然这家银行对这项新业务并未展露出更多的激情，但银行一位名叫安德烈·吉贝尔的理事则非常喜欢侯伯王庄园，他甚至说服银行将庄园作为退休礼物送给他。吉贝尔入主庄园 10 年，其间他把大部分时间用来起诉那些未经许可冒用侯伯王名字的庄园，70 年过后，拉图庄和拉菲庄也采取了相同的举措。只有拉里-侯伯王、丽嘉-侯伯王及美讯-侯伯王躲过追诉（美讯庄直到 1983 年才被侯伯王收购），大概有 12 家庄园不得不很快改了名字。

吉贝尔对庄园管理得并不好。也许是他把太多的时间花在起诉侵权的庄园上，或许同样是因为 1929 年的金融危机，没有财团做后盾的庄园都很难生存下去。20 世纪初期，侯伯王庄有 50 公顷葡萄园，

右页：侯伯王庄园一角。

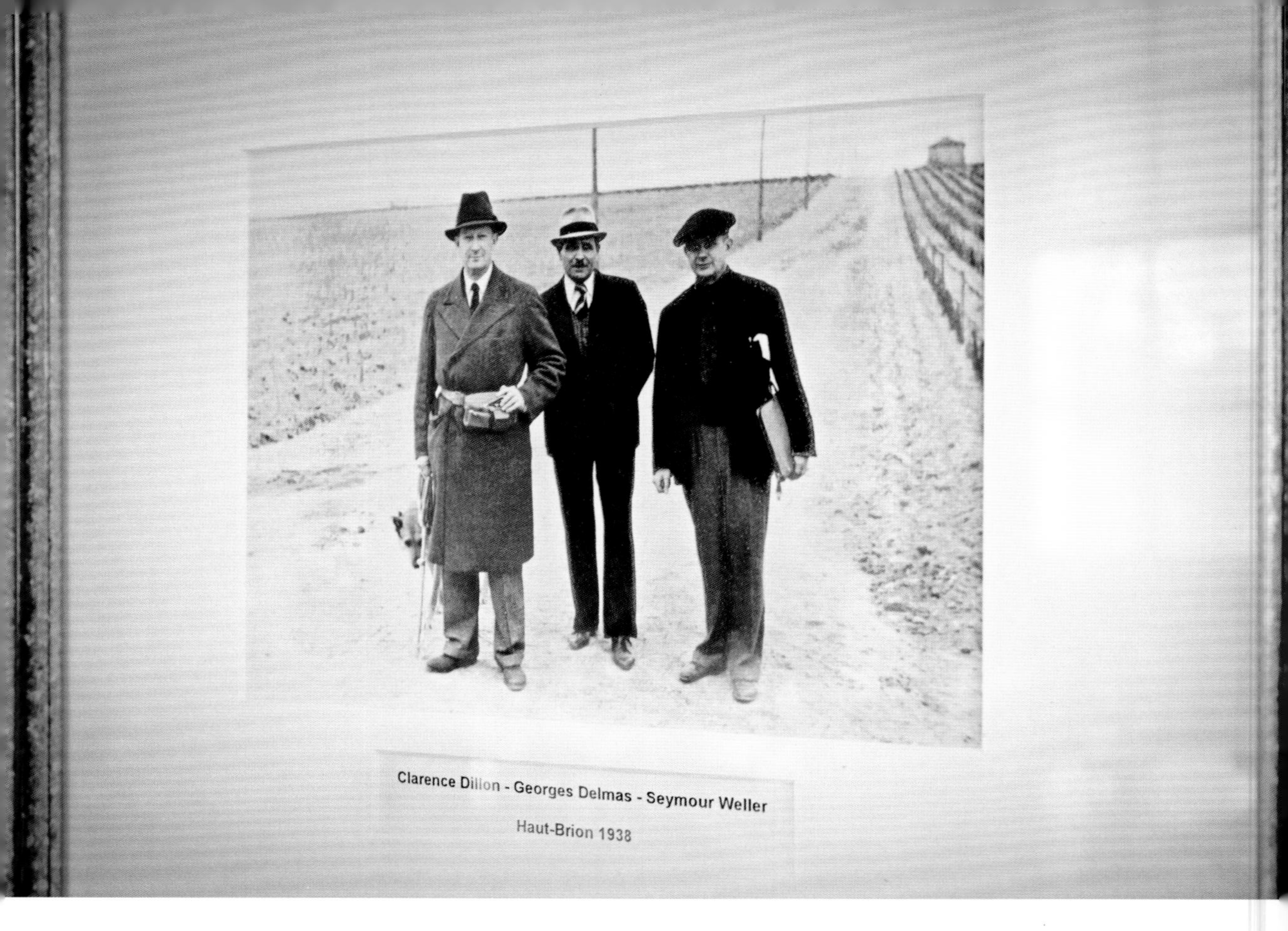

在购入侯伯王庄园的时候，克拉伦斯 · 狄伦（左）与乔治 · 戴尔马（中）和西摩 · 威勒（右）合影。

到 1929 年的时候就只剩下 31 公顷了。吉贝尔感觉越来越没有支付能力了，于是便试图将庄园转给波尔多国立科学、文化及艺术学院，但学院婉言谢绝了他的提议，因为学院担心维护庄园的费用太高。尽管如此，吉贝尔还是设法不让庄园落到房地产投资商手里，许多房地产商人开始虎视眈眈地盯着波尔多附近的地产。他不得不承认，别无他法，庄园只好再次被转手卖掉，即使没有任何官方机构强迫他这么做。

这一次拯救侯伯王庄的人为庄园开创出第三个黄金时代，庄园如今依然掌握在他的家族后代人的手里。要想了解更多的细节，我们可以暂时不用皮吉尼耶作详细讲解，因为有关这个家族的文件就保存在城堡里，况且还有人能向我们详述那段往事。为此，达尼埃尔 · 劳顿的证言依然十分珍贵。就在吉贝尔四处打听有意收购庄园的买主时，他父亲（根据家族的习惯，他父亲也叫达尼埃尔）当时正在经营塔斯特–劳顿公司，那时已是 1935 年了。经西摩 · 威勒引见，老达尼埃尔结识了美国银行家克拉伦斯 · 狄伦，威勒是狄伦的外甥，那时长住在巴黎，但经常会来波尔多，于是老达尼埃尔便悄悄地让狄伦介入到这件事当中来。

这段往事小达尼埃尔也许从他父亲那儿听过无数遍了，但不管怎么说，父亲与狄伦之间的通信以及在沙尔特龙办公室墙上挂的业已发黄的照片都是那段历史的见证。狄伦早年毕业于哈佛大学，是既有影响力又富有的银行家，况且他对法国一直抱有一种特殊的感情。他在诺曼底有一所房子，结婚的蜜月之旅也是在巴黎和日内瓦度过的，他还在巴黎的蓝带学校学习了法式大餐厨艺。凭借自己敏锐的嗅觉，他在 1929 年金融危机爆发之前将钱从银行里全部取出来，后来他用这笔钱帮助了几个被金融危机弄得倾家荡产的朋友。因此，当有人鼓动他收购酒庄时，他有能力很快作出决定。

后来有一种说法流传得很广，说狄伦最初是想在玛歌庄、欧颂庄和白马庄当中选一个，但弥漫的大雾让他无法实施考察酒庄的计划，结果欧颂庄和白马庄都没有去成。于是他开始寻找离波尔多城最近的酒庄。

劳顿脸上露出一丝微笑，说道：“在 20 世纪 30 年代，波尔多确实有许多庄园都在挂牌出售。经济危机让名酒市场一蹶不振。我父亲也许带着狄伦看了好

几家庄园，但狄伦似乎一下子就盯准了一家庄园。”

“自从看到侯伯王庄，他就只想要这座庄园。当然，一年过后，白马庄也要出售，而且狄伦似乎也有意收购，但他最终不会在这两家当中做挑选。”

特为拍卖会而成立的吉伦特酒业公司组织了这次拍卖活动，侯伯王庄以 235 万法郎的价格售出。狄伦马上在侯伯王庄显露出他的才干，开始投资修葺城堡，修整葡萄园，修复葡萄园内的建筑设施。他把西摩·威勒从巴黎请来做总经理，后来又任命他做总裁，威勒在这个职位上一直做到 1983 年。

1953 年，克拉伦斯的儿子道格拉斯被任命为美国驻法国大使。1957 年，他在艾森豪威尔政府里任负责经济事务的副国务秘书，后来又被肯尼迪总统任命为财政部长，他女儿琼安更喜欢待在法国，住在侯伯王城堡里，而不愿意和家人一起返回美国。威勒退休之后，琼安接替他掌管庄园事务。在此期间，她嫁给卢森堡的查理王子，成为卢森堡的王妃，要说起来，查理王子还是波旁家族的后裔呢。查理王子去世后，她又嫁给穆西公爵菲利普·德·诺瓦耶，成为穆西女公爵。

除了对庄园进行改造之外，狄伦依然保持稳定的葡萄种植员工队伍，这个团队由乔治·戴尔马领导，乔治是让-菲利普·戴尔马的祖父。1961 年乔治退休后，他的总经理职务由他儿子让-贝尔纳接任，到了 2003 年，他的孙子让-菲利普又接替父亲担任这一职务。

“2004 年元旦那天，”让-菲利普·戴尔马说道，“也就是我父亲退休的第二天，我想让整个团队明白，从那时起，我就是这里的主管。”为了准确地传递这个信息，他坐进父亲的办公室。两天以后，即 1 月 3 日那天，让-贝尔纳才回到庄园。他打开办公室的门，见儿子坐在他的办公室里，说道：“嘿，还真是的啊！”只撂下这一句话，转身就走了。

“在他打开办公室门的那一瞬间，看着他的眼睛，和他对视真是太痛苦了，他一下子很难适应退休离开庄园的现实。不过，我们必须坦然面对这个现实：要想接替他真是不容易，得加倍努力工作才行。”如今，卢森堡的罗伯特王子已成为侯伯王庄的主人，他于 2008 年接替母亲担任克拉伦斯·狄伦庄园的总裁。他个子很高，仪表堂堂，总是穿着西服，宛如某部电影里的明星，他善于应对媒体，回答各种问题时对答如流，给你想要的答案，但从不向你透露任何底细。很难听出他说话的口音，因为他的童年是在卢森堡、英国、法国和美国等地度过的。

除了文质彬彬的外表之外，罗伯特承担起总裁这个职务所走的并不是一条寻常的路。“我从未感觉最终要去掌管家族企业。在青少年时期，我非常腼腆，每次品酒会都感觉很难融入，也很难和别人谈起庄园的事情，而这些都是我应该做的。”相反，他离开欧洲，前往美国华盛顿州的乔治敦大学去学习，娶了一个名叫朱莉娅的美国女孩，最终在洛杉矶安顿下来，做起了电影编剧。

“当然，我一直生活在距离侯伯王庄很远的地方，不过，正因为这是一个家族企业，我感觉还是应该承担起自己的义务。我从事的是写作职业，因此对历史与现实的必然联系、对某一地方的人文特征极为敏感，也注意到侯伯王庄的葡萄酒既是历史的见证，也是历史进程的积极参与者。如今我很难想象去其他地方生活。从本质上看，葡萄酒是一种积极的动力，它促进人类把自己最好的那一面呈现给社会，过去古希腊人、古埃及人及古罗马人是这么做的，法国人、英国人及现在的中国人也是这么做的。对于侯伯王庄能成为闻名于世的文化遗产我感到非常自豪，这一遗产不仅仅属于法国，也属于全世界。”

玛歌庄两次自毁名望

在银行家弗雷德里克·皮耶-威尔掌管下，玛歌庄进入20世纪。在根瘤蚜肆虐之后，各葡萄园开始大量采用美洲葡萄砧木，皮耶-威尔也采用这一方法大面积扩种葡萄，并一直掌管玛歌庄直至1911年去世。他的女婿拉特雷莫勒公爵接替他掌管庄园，自1904年以来，拉特雷莫勒公爵一直担任波尔多市长，为波尔多的葡萄产区做了许多有益的工作，他的想法似乎也描绘出美好的前景，不过他好像突然对自己的庄园失去了兴趣，并于1920年将庄园卖给了法国南方的一个投资团体。

拉特雷莫勒和投资团体当中的一个人很熟，此人很会做生意，自1890年起就一直专卖玛歌庄的葡萄酒。1907年，他甚至制订了一版合同，以确保每年都以固定价格将葡萄酒卖给波尔多的一个酒商集团，价格设定为每桶1650法郎。此人名叫皮埃尔·莫罗，是葡萄酒经纪人，他和

CHATEAU MARGAUX
GRAND VIN
2009

塞特地区的船主合伙成立了玛歌城堡葡萄酒公司，以确保庄园在转到他手中之后能够盈利。公司的第一项实际举措就是任命一个名叫马塞鲁斯·格朗热卢的人负责管理酒窖。此人不但恪尽职守，而且将这一职务传给儿子马塞尔，后又传给孙子约翰，有点像侯伯王庄的戴尔马家族，不过这一家族只管理酒窖。

在此期间，这个投资团体推出一系列创新举措，其中包括和木桐-罗斯柴尔德庄园联手推出的创新，即在酒庄内灌装瓶酒，另外他们还把质量差的葡萄产区也纳入庄园范畴，以提高产量来应对经济危机，他们甚至取消了副牌，把酒庄出产的所有葡萄酒都打上玛歌庄园的酒标。这些举措以失败告终，和侯伯王庄一样，在20世纪30年代，玛歌庄也换了主人。在门采尔普洛斯家族入主玛歌庄之前，费尔南·吉内斯泰是最后一任主人，他或许还是一位遭受恶意诋毁的一级庄主人（埃克托尔·德·布莱恩除外），因为吉内斯泰管理庄园期间所爆出的丑闻让人记忆犹新。不过在吉内斯泰接手玛歌庄园时，他已成为当地一个传奇人物。作为酒商，他在法国本土及殖民地为波尔多葡萄酒打开新的市场，在葡萄种植者和酒商之间建立起既热情友好，又富有成效的关系。除了自己的公司之外，他在波尔多还拥有另外几座葡萄庄园，这些庄园面积很大，尽管财务状况并不太稳定，但他还是能把葡萄酒销往世界各地。此外他在海外有一家客户，此人出生在法国比利牛斯山地区，名叫布瓦-兰德里，时任西贡市长。当然，他不仅仅是西贡市长，还是布瓦-兰德里公司的老板，同时也是印度支那采购吉内斯泰葡萄酒的进口商，吉内斯泰曾寻求他的帮助，要他把庄园买下来。对于寻求投资的要求，他的答复一时也成为美谈，他只发了一封电报，上面写了简短的几个字："多少钱？"那时候，有些像吉内斯泰这样的酒商，将价格低廉的波尔多葡萄酒卖给类似布瓦-兰德里这样的分销商，大批量地向印度支那地区出口。他们两人建立起相互信任、相互尊重的关系。布瓦-兰德里是越南、柬埔寨和老挝最大的葡萄酒进口商之一，因此他手中掌握充足的流动资金。在布瓦-兰德里投资之后，费尔南·吉内斯泰和他儿子皮埃尔在公司里就变成小股东了，尽管如此，庄园依然由他们来管理。

他们很快便将全部精力投入到管理庄园的工作当中，减少葡萄的种植面积，与其他庄园主人交换葡萄种植地，以提高自身葡萄产地的质量，并将葡萄种植地提升到 1855 年的优质水平上。他们还恢复了以往的葡萄种植方法，并兢兢业业地做了许多改善工作，以便重新树立起往日的名望。1950 年，在布瓦-兰德里去世之后，布瓦-兰德里夫人和孩子们同意将他们的股份转卖给吉内斯泰，而其他小股东（其中有赫赫有名的吕东家族，家族的一位后裔皮埃尔 · 吕东如今在管理伊甘庄园和白马庄园）也同意将股份转卖给吉内斯泰。这样玛歌庄就完全成为费尔南和皮埃尔 · 吉内斯泰的资产，后来庄园又传给皮埃尔的儿子贝尔纳。在很长一段时间里，在庄园里为葡萄酒装瓶是不可能的事情。但他们却设法去改变这一现状，把在酒庄内装瓶当成必须做的事情，此外他们还投资修葺城堡。不过，接下来的 10 年对他们来说似乎并不容易。在 20 世纪 60 年代，皮埃尔 · 吉内斯泰决定将质量略差的 1965 年份酒与两个优质年份的酒（1964 年和 1966 年）掺在一起，不标年份，只贴玛歌城堡的酒标，投放到市场上出售。这一做法显然是背弃了葡萄酒名庄的金科玉律，吉内斯泰由此信誉扫地。然而还有更糟糕的事情呢！管理庄园的德洛姆先生年纪越来越大了，无论是葡萄种植，还是葡萄园的管理工作，方方面面都出现了许多问题，而吉内斯泰的葡萄酒（不包括玛歌庄园的酒）的销售业绩也在下滑，因为葡萄酒在国际市场上的竞争越来越激烈。

吉内斯泰家族内部也出现了问题，最严重的事件就是皮埃尔的长子自杀身亡，由于复杂的税务问题，他的长子被指定为玛歌庄园的唯一继承人，家族也因此而陷入要支付巨额财产继承税的窘境。然而祸不单行，20 世纪 70 年代初期，葡萄酒行业似乎一下子变得兴旺起来，但 1973 年的石油危机以及随之爆发的经济危机让这一行业再次陷入低谷。给吉内斯泰家族带来滚滚财源的名酒贸易也陷入停滞状态。1975 年，吉内斯泰不得不将手中的王牌——玛歌庄园卖掉。起初，酒精饮料行业的巨头美国国民蒸馏公司打算收购玛歌庄园，但遭到法国政府的否决，因为法国政府考虑到要保护这个历史遗产。由此产生的恐慌又持续了几个月，后来菲利克斯 · 波坦公司有意收购庄园。故事讲到这儿，我们就可以让玛歌庄的现任主人科琳娜 · 门采尔普洛斯来回忆那段往事，科琳娜是菲利克斯 · 波坦公司的大股东安德烈 · 门采尔普洛斯的女儿。

安德烈 · 门采尔普洛斯的父亲于

1915 年出生在伯罗奔尼撒半岛的佩特雷，是一家酒店的老板，他让自己的子女都接受外语教育，好让他们将来到国外去寻求发展机会。安德烈没有让父亲失望，18 岁便离开希腊，来到法国格勒诺布尔学习文学。毕业之后，他前往亚洲，先后去过缅甸、中国、印度和巴基斯坦，从事谷物进出口贸易，挣下一大笔钱。返回欧洲之后，他娶了一位法国姑娘，并于 1958 年收购了菲利克斯 · 波坦公司，波坦公司创立于 1944 年，那时在全法国有 80 家食品杂货店。安德烈将公司打造成拥有 1600 家超市和商场的商业集团，他在巴黎买下一幢具有悠久历史的古建筑。此外，他还荣获法国政府颁发的荣誉勋章。由此，他被视为收购庄园最强有力的竞购者。1977 年，他以 7200 万法郎的价格购入玛歌庄园。

几年过后，他突然去世，周边庄园的主人都不相信他女儿真有能力掌管玛歌庄园，因为那一年科琳娜刚满 27 岁。毕业于巴黎政治学院的科琳娜将自己的成绩归功于“谨慎”和“重视”，而非归功于大胆的革新，在对庄园的热爱程度上，她丝毫不亚于她父亲，这一点是毋庸置疑的。科琳娜 · 门采尔普洛斯为人热情，讨人喜欢，她虽然长住在巴黎，但已将庄园的股权全部掌握在自己手里，自从 1991 年起，她一直同阿涅里家族合作，2003 年她从阿涅里家族手中购得控股权。

拉图走上现代庄园之路

稍微往北一点就是拉图庄园，庄园依然掌握在博蒙家族手里，作为塞居尔家族的嫡系，直到 1962 年他们还在掌管庄园。他们成功地挺过 20 世纪 30 年代的金融危机，也没有被第二次世界大战压垮。不过到了 60 年代，他们面临重重困境，想使出浑身解数不让庄园垮掉，但最终还是把拉图城堡葡萄种植实业公司[1]53.5% 的股份卖给英国考德里勋爵的皮尔森财团。此后，皮尔森财团又邀请布里斯托的哈维公司购买另外 25.5% 的股份，博蒙家族从此便成为小股东了。这两家英国公司为此支付了 90 万英镑。

当考德里勋爵和夫人第一次走进拉图

[1] 作者在此写为“农业实业公司”，与第三章里所写的名称略有不同，为避免混乱，故统一采用“葡萄种植实业公司”的名称。

1951 年，拉图城堡。左手第五人是达尼埃尔 · 劳顿，第六人是于贝尔 · 博蒙伯爵。

庄时，发现葡萄园已多年疏于管理。因此，他们的首要任务就是将葡萄园仔细管理起来。博蒙家族的两位成员，即于贝尔伯爵和菲利普伯爵依然在董事会里留任，董事会里还有考德里勋爵、乔治·麦维特斯、大卫·波洛克、亨利·朗格莱以及迈克尔·海尔。后来代表哈维公司收购庄园股份的亨利·沃也加入到董事会里来。

1962 年，董事会提出了一系列要求，在那份文件当中有一张完整的库存清单，这份清单是由让-保罗·加代尔统计制订的。加代尔是当地的一位酒商，他最初只是接替布吕吉埃庄园经理人的职务，因为经理人在为庄园忠诚地服务 31 年之后刚刚从这个职位上退下来。圣朱利安的歌丽雅庄园主亨利·马丁辅佐加代尔履行经理人的职务。他们一起合作，动手改造葡萄园，他们知道改造工作至少要持续 20 年。在当时庄园新主人起草的文件上，人们可以看到，庄园“务必”要酿出比其他一级庄质量更好的葡萄酒，而价格要更有竞争力。

在所有一级庄里，拉图的档案史料保存得最完整。这种注重细节的理念也传递给庄园的员工，加代尔虽然住在波尔多一间并不宽敞的居室里，却依然保留着详尽的笔记，是他在拉图庄任职期间所记录的。历次会议记录、整改措施、会议上讨论的细节或最终的决定都用笔详细记录在本子上，此外还有用打字机整理出来的库存状况、销售记录、葡萄园工作日历以及葡萄采摘条件等。名庄管理人每天要处理各种各样的事务，这样的笔记读来真是既令人着迷，又清晰明了，尤其是加代尔还在一旁作详尽的解释，看他的笔记就更清楚了。加代尔手里拿着一支香烟，很高兴能给他人作解释，他说：“我一直抽烟。不，抽得不多，一次绝不会超过两支。”

对于加代尔来说，能做拉图庄的管理人给他很大的满足感，这也是他梦寐以求的职位。“过去我在玛歌和波亚克做葡萄酒经纪人，但并没有在波尔多做过酒商，我是家族当中做葡萄酒行当的第一代人。”他父亲在朗德地区工作，是采脂工人，即把树脂从松树上采集下来，然后送到工厂里去提炼松节油和松香。在阿基坦地区，中世纪就有人做这个行当了，不过这项工作十分辛苦，而且被人瞧不起，和波尔多的贵族家庭根本挨不上边。

“刚开始做经理人的时候，往往我刚坐下来，许多酒商便围过来打听我的家族背景。如果我想在这个岗位上持续做下去，

1912
GRAND VIN 
DE
CHATEAU LATOUR
PREMIER GRAND CRU CLASSÉ
APPELLATION PAUILLAC CONTROLÉE
PAUILLAC-MÉDOC
1945
MIS EN BOUTEILLES AU CHATEAU
SOCIÉTÉ CIVILE DU VIGNOBLE DE CHATEAU LATOUR
PROPRIÉTAIRE A PAUILLAC GIRONDE

就必须得有勇气。于是我告诉他们：‘你们不要管我祖父是做什么的。我根本不靠家族，我是依靠自身努力才得到提升的。’”他来拉图庄那一天，城堡里的狗叫得很凶。“但这却让我更加注意集中精神。我非常爱拉图，整个一生我都在全心全意地为庄园工作。”

加代尔在拉图庄工作了 25 年，他帮助庄园度过了 1973 年的石油危机，协助庄园完成了主人的更迭交替。1989 年，莱昂斯联合公司（哈维公司的母公司）收购了皮尔森公司，从而获得拉图 93% 的股份，博蒙家族仅持有 7% 的股份。接替加代尔的约翰 · 寇拉萨于 1987 年进入拉图庄，是加代尔本人把他招聘进来的，他把拉图葡萄园重获新生的大部分原因归功于加代尔。“他是管理葡萄园的天才。他大规模种植新葡萄树，挖排水沟渠，拉图庄能有优秀的副牌葡萄酒，比如‘小拉图’及‘波亚克’，他功不可没。况且他相信拉图的风土条件，相信拉图庄神奇的地理位置，这位置在波亚克地区找不到第二家。1962 年，拉图庄的葡萄园已变得破败不堪了，所有的葡萄树都需要重新种植。25 年过后，当我进入拉图庄时，葡萄树的长势非常好。”1993 年，在莱昂斯联合公司接手庄园 4 年过后，拉图庄又迎来一位法国主人。几年来，有关拉图庄要被出售的传言不绝于耳。有人说安盛酒业有意收购，后来又说香奈儿公司的韦特海默兄弟也跃跃欲试，要买下庄园。

“当皮尔森决定要把股份卖给莱昂斯联合公司时，这个决定让大家感到非常意外。”寇拉萨回忆道，“不过，当莱昂斯联合公司要卖掉庄园时，大家反而不感到惊奇。那时候，大卫 · 奥尔任总裁，他真是做了一笔好买卖，但联合公司管理不善，而且销售业绩也非常差，让我们吃尽了苦头。糟糕的葡萄采摘季节更是让庄园雪上加霜。”

实际上，拉图庄究竟花落谁家还依然没有定论。4 月份，拉扎尔兄弟投资银行把几位潜在的买主请到庄园来。“有人要我们悬挂起美国国旗，还要讲英语，后来有人告诉我们来访的人是韦特海默兄弟。他们兄弟三个一起来的，在这儿待了一天，

左页：庄园收藏着许多久远年份的葡萄酒。
页 196~197：拉图庄园的不锈钢酿酒罐。

品尝葡萄酒，了解城堡的历史，又花了很长时间吃午饭，他们对庄园有兴趣，但迟迟作不了决定。”

就在韦特海默兄弟犹豫不决的时候，拉图庄要出售的消息却不胫而走。1993年7月，弗朗索瓦·皮诺带上同事帕特里夏·巴尔比泽，在家人的陪同下，乘直升机来到拉图庄。皮诺收购了几个著名的奢侈品牌，从中赚了大钱，马上决定要收购拉图庄，并以他旗下阿特密投资公司的名义签下收购合同，为此他支付了1.065亿欧元。

在英国备受尊重的葡萄酒专家休·约翰逊那时候也和拉图庄做生意。在拉图庄被收购后不久，他和皮诺碰过面，在自传《葡萄酒——开瓶人生》当中，他描述了和皮诺见面时的情景：

“‘您为什么要收购拉图庄园呢？’这个问题提得毫无新意。‘因为我有能力收购。’这就是他的答复。‘当我得知一家列级一级酒庄要出售，而我钱包里又有钱，因此没有什么好犹豫的。况且，我非常喜爱葡萄酒，拉图又是我最喜欢的波尔多酒。’”

“皮诺入主拉图庄之后，庄园发生了翻天覆地的变化。”寇拉萨说道。寇拉萨也于第二年3月辞职，跟随韦特海默兄弟去了鲁臣世家庄园。“皮诺聘用弗雷德里克·昂热雷担任总经理，这在拉图的企业文化方面也是一个巨大的变化。几年过后，昂热雷得到了他想要的一切：庄园效益不错，赞扬声也逐渐多了起来。不管愿意不愿意，其他一级庄都应去顺应他所作出的决策。”

罗斯柴尔德家族的世纪

和其他一级庄相比，在进入20世纪之后，木桐庄和拉菲庄则显得平静得多：庄园一直掌控在罗斯柴尔德家族手里（德军占领期间除外），在20世纪初期，拉菲庄由爱德华男爵掌管，后交到罗伯特、詹姆斯和莫里斯男爵手上，到20世纪末时，庄园则由埃里克执掌。木桐庄这边，1900年，亨利男爵掌管庄园，从1999年起，庄园由菲丽宾管理。

有关两座庄园在20世纪的发展状况的资料非常丰富，全部资料都保存在拉菲庄里。在一座石砌楼梯的顶部，与金碧辉煌的接待室隔开一定距离，有一个窄小的房间，里面到处都是灰尘，资料就放在纸

菲利普·德·罗斯柴尔德男爵，20 世纪葡萄种植业最重要的人物之一。

箱里堆在这房间中，一直堆到天花板那么高。而在 2001 年之前，这个房间的状况还要差，因为罗斯柴尔德在英国的支系，即沃德斯登庄园尚未派人来此整理这些资料，几百年间所积累的史料都乱糟糟地堆放在一起。沃德斯登庄园的档案管理员助理伊莱恩·佩恩在创建罗斯柴尔德丰富的史料库方面发挥出重要作用。虽然这个史料库设在沃德斯登庄园，但它为世界各地的研究中心交换相关资料提供了便利条件。伊莱恩来到拉菲庄，花了好几个星期的时间，精心地整理各种资料和史料，建立详细的目录清单，将资料分门别类放入档案盒里，记上编号，档案盒的编号从 1 号排到 89 号。其中两个档案盒的资料读来令人伤心不已。它记载了德军占领法国期间的往事，在那段时间里，两座庄园合并在一起，这种局面是他们控制不了的。由于这两座知名庄园都掌握在犹太人手里，德军刚一占领这一地区，庄园就成为占领军肆意攻击的目标，罗斯柴尔德家族的两家人甚至被剥夺了法国国籍。1940 年，菲利普男爵被维希政府逮捕入狱，但于 1941 年获释。1942 年，他翻越比利牛斯山，前往英国参加了自由法国抵抗运动，并于 1944 年参加诺曼底登陆战役。至于说埃利·德·罗斯柴尔德男爵，在战争刚爆发时，他参加骑兵团，来报效祖国，但后来被德军俘虏。他最初被关押在尼恩伯格战俘营里，后被押解到科尔迪兹要塞，最后被关进了吕贝克战俘营，直到 1945 年 5 月才被解救出来。

在波尔多，木桐庄和拉菲庄也被征用，交由当地行政部门来管理，德军让防空部队驻扎在城堡里。在德军占领波尔多的 4 年时间里，木桐庄和拉菲庄的 10 万瓶瓶装葡萄酒以及 125 桶葡萄酒被盗用。

但最悲惨的事情还在后面呢。菲利普男爵虽躲过一劫，但他的夫人尚布尔女伯爵却于 1945 年死在拉文斯布吕克集中营里。她出生在一个天主教家庭里，以为自身是安全的，不会遭受迫害，但却在战争结束前几个月被纳粹逮捕，女儿当时就在她身边，亲眼目睹母亲被纳粹带走的场景，因此菲丽宾从不和外人谈起童年的往事，这并不让人感到奇怪。

战争结束后，罗斯柴尔德家族将庄园收回到自己手中。菲利普于 1945 年返回木桐庄，而埃利则于 1946 年再次掌管拉菲庄。

侯伯王庄起先被用作战地医院，后被德国空军征用当军营。乔治·戴尔马太太在庄园里开辟了一处菜园子，种点蔬菜水果，好让小儿子能吃上新鲜的果蔬，但菜园子常被德军士兵洗劫一空，于是她就到指挥官那儿去抱怨。指挥官答应管束他手下的士兵，但却没有什么实际效果。戴尔马太太不想忍辱负重，再次到指挥官那儿去告状，并质疑指挥官的权威，因为竟有士兵敢不遵守他的命令。指挥官马上派人去看守她的菜园子。戴尔马一家非常喜欢回忆起这段往事，这是战争期间发生的一件真事，另外城堡酒窖的入口隐藏得很严密，他们把花园里的枯枝烂叶以及垃圾都堆在入口处上面，占用城堡的德军士兵竟未发现这个酒窖。

拉图庄和玛歌庄虽未被德军占领，但业务量还是缩减了许多，因为他们几乎招不到能干活的工人，也买不到酒瓶和软木塞，甚至连记录葡萄采摘报告以及产量的纸张都很紧缺。战争过后，许多庄园包括一级庄都降低了酿酒标准，只酿造日常餐酒，因为这类酒更好卖，况且大家也没有钱去喝上等葡萄酒。

1947 年，达尼埃尔 · 劳顿的父亲在日记中写道："我从 1891 年做经纪人以来，从未见过如此严重的危机。"尽管 1947 年份的葡萄酒质量非常好，但他对市场还是缺乏信心，在日记里他写道："我琢磨着生意什么时候才能好转，又能好转到什么程度呢。期酒生意一直死气沉沉的。我们的老客户都不见了，知名庄园都变成仓库了。"

迈入新时代的开端

战后困难的局面对所有庄园来说都是一样的，不过老天爷还是帮了大忙，1945 年、1947 年以及 1949 年份的葡萄酒非常好，而且销路也渐渐好转起来，尤其是从 1950 年开始，当经济开始复苏时，葡萄酒终于可以离开酒窖，输入市场。当然也有一些年份很差，比如 1956 年，整个葡萄产区遭遇有史以来最严重的冻害，不过对于梅多克地区来说，20 世纪整个 60 年代是一个新的黄金十年期，因为美国人开始关注波尔多葡萄酒，因此价格也开始飙升起来。

经济好转是整个 60 年代技术进步的最佳动力。正像法国新红葡萄酒问世的那个时代一样，侯伯王庄又开始创新，安装了第一批不锈钢酿酒罐，并率先在庄园里设立酿酒实验室。几年过后，在 1964 年，拉图庄园也安装了 19 个不锈钢酿酒罐（让-保罗 · 加代尔依然记得当时其他庄园的反应：“你在那酒罐里装什么？是装石油吗？”）在玛歌庄园，1983 年，科琳娜批准安装 12 个不锈钢酿酒罐，她父亲生前一直反对使用不锈钢器材。木桐庄和拉菲庄也安装启用了最新式的存放酒桶的酒窖。早在 1926 年，木桐庄就让建筑师夏尔·西克利设计存放酒桶的大型酒窖，这是梅多克地区第一座大场景的酒窖，西克利当时是著名的剧场设计师，整座酒窖设计得灯火辉煌。20 世纪 70 年代中期，木桐庄又让建筑师里卡尔多 · 博菲尔设计了一个圆形拱顶酒窖，即 2000 酒窖。菲利普男爵一直极为关注自己的葡萄酒，到 1988 年他去世时，有 66 个年份的葡萄酒都是他亲自监督酿造的。在梅多克地区，这是一项神奇的纪录。

1974 年，石油危机爆发时，葡萄酒价格又开始狂跌不已，不过在度过这一危机之后，所有列级一级酒庄又都恢复到稳定状态。进入 80 年代后，随着新技术不断引入庄园，比如对葡萄种植和酒窖实行温度控制——这是一项要求精准的工作，各一级酒庄也开始步入现代化阶段，当然市场也逐渐稳定下来。

“几年前，我还恭喜过昂热雷，说他运气真好。”加代尔说道，口气里总是带着那股热情劲儿，“他是在 90 年代末来到拉图庄的。他来了之后，老天爷真给力，庄园迎来好几个好年份，葡萄酒的质量非常棒，葡萄酒市场的行情也不错，每款酒都卖出好价钱。我觉得这是自 1860 年以来，各一级酒庄所经历的最佳发展时期。”

右页：艺术是木桐-罗斯柴尔德庄园灵魂的组成部分。
页 204 ～ 205：木桐-罗斯柴尔德庄园放置橡木酒桶的酒窖。
页 206 ～ 207：木桐-罗斯柴尔德庄园的 2000 酒窖，一座圆形地下建筑物。

M+
11

FAIRE LES PLUS GRANDS VINS DU MONDE

7

酿造全世界最好的葡萄酒

7
-酿造全世界最好的葡萄酒-

五家一级庄的主人都是葡萄酒业里赫赫有名的人物，庄园在管理上保持了相当长的稳定期，如今他们开始收获稳定发展带来的好处。尽管如此，各庄园之间的关系发生变化也是不可避免的，过去不管是通过联姻，还是出于政治利益的考虑，他们曾或多或少地紧密联系在一起。

保罗·蓬塔列对一级庄之间的关系作过精辟的概述："当然（庄园之间）并不完全是一种友好的竞争，但却是一种良性竞争。让人感到震惊的是，各庄园所采取的措施几乎完全相同。大家都在想方设法做得最好。要想酿造最好的葡萄酒并没有什么秘诀。我们只不过是严格管理葡萄园，葡萄酒品质的微小差别还是风土条件造成的。过去，各庄园所采用的方法可能会有明显的差别，不过如今这种差别已经变得微乎其微了，唯一的差别就是各葡萄园的风土条件不同。"

右页：侯伯王庄1923年的酒标，注明在庄园内装瓶。

直到19世纪末，大家还能相互帮助，并没有什么难为情的感觉。1820年，拉图庄的皮埃尔·拉莫特在给拉菲庄酿酒师的一封信中这样写道："亲爱的埃梅里克，我今天开始在拉图采摘葡萄，因为我没有这方面的知识，只好求助于你，整个酿酒过程可以说是一种化学反应，你曾仔细观察过这一过程，肯定对其中诸多微小细节都有心得体会，希望你能用丰富的经验来指导我。我打算做一项测试，看如何增加葡萄酒的口味，客户往往感觉我们的葡萄酒口味不够坚实饱满，因此我给你写信，想听听你的意见。随信附上我们测试的详情。"

即使是木桐庄和拉菲庄，在菲利普男爵入主木桐庄园之后，他们也会心平气和地拿小块土地做交换，而不需额外支付费用，拉菲庄所保存的文件也证明了这种做法。1927年7月4日，在巴黎公证人弗朗索瓦·比尔特的监督下，双方达成契约，契约规定拉菲庄的罗伯特·德·罗斯柴尔

德男爵拿出5畦葡萄树来，这块地名叫马塞尔，在波亚克镇的地界上，面积约为4公亩零3平方米。作为交换，木桐庄的亨利·德·罗斯柴尔德男爵（菲利普的父亲，庄园依然在他名下，虽然交换的主意肯定是儿子想出来的）拿出7畦葡萄树，这块地也在波亚克镇的地界上，名叫波默里，面积约为4公亩零41平方米。拉菲庄因此多获得38平方米的土地，但交换是木桐庄最先提出来的。在18和19世纪，这类交换在玛歌庄和侯伯王庄之间也是常有的事，而且理由看上去更充分，因为两个庄园所交换的土地也都在他们各自产地命名的属地之内。

这并不是拉菲庄和木桐庄第一次合作，早在1880年，拉菲庄的阿方斯、古斯塔夫和埃德蒙·德·罗斯柴尔德与木桐庄的詹姆斯·爱德华·罗斯柴尔德联合创立了一个基金，并用这笔基金在穆塞村开办了一所小学校，为庄园的员工以及周围的村民提供免费教育。正如1886年费雷指南中主编所写的那样：“每当人们回忆起庄园的往事时，都会提到庄园主这一惠及子孙的善举。”1898年版的费雷指南将这所学校评为当地最好的学校之一。这所学校如今依然在用，它隶属于波尔多科学院，现有164名学生。

庄园的大部分总经理都承认，在20世纪70年代之前，（当然都是他们的前任）常常会在一起吃午饭，商讨制定新年份葡萄酒的价格。如今，要是用这种方式制定价格肯定会引起重重抗议，很多人都会跑到欧洲公平贸易协会那里去申诉。最近30年来，五家一级酒庄仅联手举办过三次品酒会，即2010年在伦敦举办过一次，1980年和2011年在纽约举办过两次。

拉图庄园的装瓶灌装线。

“酒庄内装瓶”：革命性举措

从历史角度来看，五家庄园联合行动的最佳范例就是菲利普·德·罗斯柴尔德男爵入主木桐庄之后所采取的举措，这也是木桐庄谋求被认可为一级庄的重要步骤，那是1922年10月的事情。

菲利普男爵决心要把他的葡萄酒提升到前几年的高水平上，于是决定要全程监控葡萄酒装瓶。在其自传《葡萄藤夫人》（*Milady Vine*）当中，他说自己注意到葡萄酒要在木桐庄酒窖里陈酿三年才能上市卖给消费者。“那么我们为什么要在酿造最关键的时段，把我们的葡萄酒运到波尔多去呢？在酒商那边，这些葡萄酒极有可能发生种种不测。竟然让葡萄酒在一个完全陌生的环境里陈酿三年！在一个本应完全由我们监控的时期里，怎能把这些珍贵的酒液拿到外面去陈酿呢？这真是不可思议。”

在具体实施这项计划之前，他应该“首先和其他庄园，即侯伯王庄、玛歌庄、拉图庄及拉菲庄达成一致”。

虽然菲利普男爵在自我推销方面充分展现出他的才华，但他并不是第一个有这种想法的人。其实在酒庄内装瓶已经实施好多年了，在劳顿的记事簿里就记载着从1800年起，酒庄就开始采购玻璃瓶。然而，这种做法往往只是为了便于酒商转手倒卖。

不过在这之前，就已经有人在探讨这方面的事情了。侯伯王庄还保存着约瑟夫·德·菲梅尔在1783年12月27日写给塞尔瓦先生的一封信，塞尔瓦先生是波尔多市常驻巴黎的代表。菲梅尔在信中声称以每瓶55苏的价格将葡萄酒卖给达尔吉古神甫，“这个价格还包括玻璃瓶、木箱、木塞、瓶口封蜡以及销售权”。接下来，他还谈到每批次为250瓶瓶装葡萄酒的销售状况，说起葡萄酒的质量，这些质量问题或许和巴黎的酒商有关，因为他们不知道在开瓶之前，要先醒酒。“他们往往破坏了葡萄酒原有的口味，这是让庄园非常伤脑筋的事。”

第一家玻璃瓶厂就设立在波尔多城米契尔广场旁，这个圆形广场很美，旁边就是大花园（玻璃厂街也在那个街区里）。1723年，一个吹瓶工人在那里创建了玻璃瓶厂。那时候，所有的酒商都把办公室搬到沙尔特龙，而这里距离沙尔特龙很近，是设立制瓶厂最理想的位

MARGAUX
GRAND VIN
2000
GRAND CRU CLASSÉ
APPELLATION MARGAUX CONTRÔLÉE
MARGAUX PROPRIÉTAIRE A MARGAUX - FRANCE
75 cl

置。虽然大部分葡萄酒依然用酒桶来运输，但部分庄园已开始在酒庄内将葡萄酒灌装到酒瓶里。

广场是用一个爱尔兰人的名字来命名的，此人旅居波尔多，名叫皮埃尔·米契尔，于 1687 年出生在都柏林。作为詹姆斯党分子，他父亲曾在英国内战当中与支持斯图亚特王朝的人并肩奋战，后逃到法国避难。他儿子后来也感觉，和英国人相比，法国人对他们更友好。

于是皮埃尔·米契尔便做起了葡萄酒商人和船东。在波尔多做过一段时间箍桶匠之后，他在波尔多创立了第一家制瓶厂，工厂最初设立在埃西讷镇上，后搬到米契尔广场旁。1723 年 10 月和 11 月，国王给议会下发了诏书，批准他的玻璃瓶厂享有特许生产专营权，这份诏书如今依然保存在波尔多档案馆里。尽管如此，几年过后，波尔多工商会还是否决了他要另一家竞争对手关张的诉求。1738 年，历经多年的打拼，在收到国王签发的诏书 15 年之后，他将自己的工厂命名为“波尔多皇家玻璃厂”。

米契尔所采用的玻璃瓶制造技艺与英国和爱尔兰的并没有什么差别，不过他却是制造 3 升容量大玻璃瓶的第一人，他开创的玻璃瓶形状成为波尔多的传统瓶形（侯伯王庄如今仍然在用这种瓶形）。不过在那个时候，很少有玻璃瓶是按照统一标准来制造的。

米契尔的产业做得风生水起，而且也赚了不少钱。1724 年，他获得阿尔萨克领地的部分土地，而且还在玛歌地区购进几片葡萄园。1736 年，他在玛歌地区建造了泰尔特城堡，他的庄园在 1855 年列级时被评为五级庄。他很有可能自 18 世纪 30 年代起便尝试将葡萄酒灌入玻璃瓶，从而成为瓶装酒的先驱。不过正如菲梅尔在信中所阐述的那样，所有的一级庄都在密切关注这方面的尝试。

最初的尝试

菲梅尔不但对装瓶表示出极大的兴趣，而且还付诸实践，1850 年侯伯王庄的葡萄酒标清楚地注明“庄园内装瓶”。拉菲庄则于 1890 年在庄园内装瓶，并将瓶装酒直接发给伦敦的埃尔曼兄弟商行，因此引起轩然大波。波尔多的葡萄酒商甚至威胁要和拉菲庄断绝一切业务往来，不再向英国市场推销拉菲庄的葡萄酒。

在拉菲庄的档案里，人们还发现其他一些信件，涉及1906年份葡萄酒在庄内装瓶一事。总经理路易·莫尔捷以罗斯柴尔德男爵的名义给波尔多酒商罗森海姆父子公司写信，要求每年至少有50%的酒要在酒庄内装瓶，要是遇上好年份，所有的酒都要在酒庄内装瓶。对于在酒庄内装瓶的酒，他要求酒商每桶支付额外的费用，尽管装瓶工作是由酒商来完成的。他希望额外费用的价格至少应达到当年压榨葡萄汁价格的一半。后来双方往来的信件给我们提供了第一手资料，从中不难看出庄园与酒商之间的关系正发生根本性的转变。

虽然酒商向莫尔捷保证理解这一做法，但却断然拒绝了庄园的要求（这种要求不过是在给拉菲庄脸上贴金罢了），并要求若用这个价格去购买次等年份的瓶装酒，采购数量应作适当的调整。“您别忘了，我们的大部分客户已经不再购买拉菲的瓶装酒了，而我们还要设法去说服他们，让他们对拉菲酒重新建立起信心。此外，瓶装酒的进口关税也非常高。”莫尔捷回应要求酒商保证每年三分之一的进货量要用瓶装酒，而且要在五年当中保持不变。在双方开诚布公地商谈之后，他答应会把经纪人请到拉菲城堡，来签署相关文件，好确定今后的生意该怎么做。

拉菲庄之所以坚持要在酒庄内装瓶，是因为庄园的名誉受到侵害，1900年过后不久，有些不太严谨的酒商，尤其是俄罗斯酒商，用不知产自哪里的葡萄酒，装入酒瓶后贴上拉菲庄的酒标去卖。没过几年，拉菲庄的葡萄酒在俄罗斯就和带酸味的劣等酒画上了等号，葡萄酒的售价也深受其害。

不过，从20世纪前10年起，由于酒商处于强势地位，再加上19世纪90年代出现的葡萄酒储存问题，拉菲庄不得不毁掉已在酒庄内装瓶的葡萄酒，并因此放弃了在酒庄内装瓶的做法。当菲利普男爵在20世纪20年代提出在酒庄内装瓶的建议时，爱德华男爵最初并不上心。

五家一级庄最终还是决定在这方面采取一致行动。为了巩固已达成的协议，菲利普男爵在五家庄园之外的地方组织了一次晚宴，晚宴安排在波尔多的“葡萄细藤”饭店里，并以“五庄”的名义提前预订好餐桌。

在其自传里，菲利普男爵讲述了那次晚宴：“我说这无异于广告，他们都不喜欢这个词。于是我就改用‘名望’这个词。

大家一致同意！我们接着便谈起那天晚宴的主题，即在酒庄内装瓶。让我感到震惊的是，所有人都同意这么做，甚至拉菲庄也同意。于是我建议签署一份文件，大家联手实施在酒庄内装瓶的计划，可以在技术及商务层面上互相协助，从此形成著名的五庄园俱乐部。”

从此这个团体形成一个惯例，每个月聚会一次，每次都安排在“葡萄细藤”酒店里，不过他们的第一次正式宴会是 1929 年在拉菲庄举行的，罗伯特男爵特意从巴黎赶来参加宴会，宴会还请来国际知名媒体的记者。在那天的宴会上，许多名酒佳酿让人大饱口福，其中有一瓶拉菲庄 1811 年份的葡萄酒，那一年著名的大彗星不但宣告罗马王[1]降生人世，还预示葡萄酒将是一个非常好的年份。就在那天晚上，伊甘庄的贝尔特朗·德·吕萨吕斯伯爵也加入到五庄园俱乐部的行列。

对酿酒工业的影响

酒庄内装瓶在葡萄酿酒业里引起连锁反应。首先从 20 世纪 20 年代起，在经纪人的登记簿里，酒商的名字明显增多起来，因为在酒庄内装瓶之后，新酿的葡萄酒可以更多地流向酒商。另外一个后果就是削弱了英国酒商对波尔多的影响力。过去英国酒商可以成桶地进口葡萄酒，然后由他们装瓶，并在酒标上注明酒商的名字。不过在一段时间内，英国人还是守住了几块阵地，比如英国铁路公司和伦敦萨伏伊酒店依然自己灌装葡萄酒，直到 50 年代才终止这项业务。大部分酒商虽然最初也对此举颇为不满，但他们很快就适应了这种运作方式，甚至快得出乎各庄园的预料。

当然，在酒庄内装瓶并非一帆风顺，整个过程也碰到重重困难。在 30 年代经济大萧条时期，各个庄园包括一级酒庄都放弃了这一做法，但这不过是临时举措。由于有些技术问题并未彻底解决，在刚开始灌装和储运时，总是有损耗。因此在 50 年代之前，所有的供货合同都注明每桶只能灌 1152 瓶酒（96 箱），如今每桶可以灌 1200 瓶酒，那时候的装瓶量要比当下的少 4%，因为双方都知道损耗是不可避免的。

[1] 罗马王（Roi de Rome，1811—1832）：即拿破仑·波拿巴二世，系拿破仑·波拿巴的儿子，出生后被封为“罗马王”。

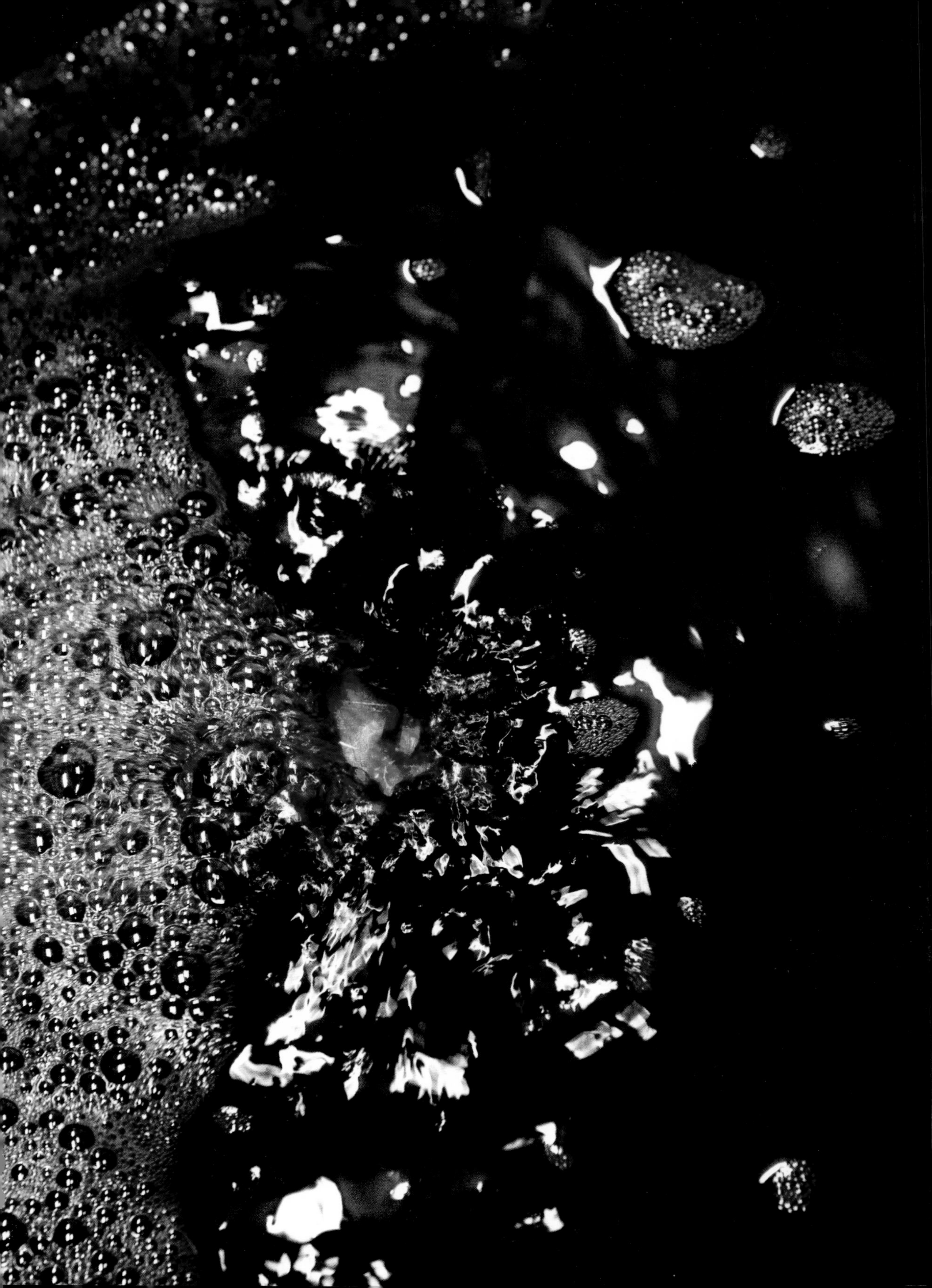

在第二次世界大战期间，五庄园俱乐部的活动也停下来。后来到了 50 年代，由于将木桐庄开除出俱乐部，俱乐部也就名存实亡了。直到 80 年代，俱乐部才又浮出水面，并形成九庄俱乐部。

九庄俱乐部

如果您有幸参加九庄俱乐部的聚会（聚会不再安排在“葡萄细藤”酒店里，而是轮流在各庄园举行），就会发现如同 20 世纪 20 至 30 年代那样，伊甘庄和五家一级酒庄并肩坐在一起。您还会看到右岸的其他一级庄，虽然这几家庄园在 1855 年列级时并未被评为一级庄，但它们的地位已和一级庄不相上下，那是白马庄、欧颂庄和柏图斯庄。

聚会每季度举行一次，议题主要涉及与葡萄种植或与酿酒有关的技术问题。虽然创立俱乐部的初衷是为了在各庄主之间建立一种合作体系，但如今也邀请总经理来参加会议，甚至还邀请技术团队的人来参会，并让他们引导要讨论的议题。会议的讨论并非只是流于形式，技术团队往往会拿出与波尔多酿酒学院或与其他研究机构合作的成果。俱乐部还为专项研究提供资金，并一起探讨关键性的问题，因为每家庄园都有可能遇到这些问题。

俱乐部会议早上 9 点钟开始，与会者来到城堡之后，先喝上一杯浓浓的咖啡。应邀前来演讲的人向大家介绍他的最新研究成果，然后大家就此成果提出自己的看法。往往某一具体的技术问题会引起热烈的讨论（比如进入 9 月份之后，葡萄的采摘日期，葡萄的成熟期，葡萄的生长状况，预期的葡萄品质等）。会议结束时通常还要安排一次品酒会，品酒或出于技术目的，或出于交流目的，所有庄园都拿出同一年份的酒来品鉴。在最近的一次会议上，大家一起品尝拉图庄的葡萄酒，是同一葡萄园用不同砧木嫁接的葡萄所酿；在另一次会议上，与会者又品尝了每种副牌的两种年份酒（伊甘庄园除外，因为伊甘庄只酿造一种特级甜酒和一种干白葡萄酒）。会议结束后，通常还要安排一次午宴，饭后大家都回到各自的城堡,继续做自己的工作。

木桐庄的总经理菲利普 · 达吕安解释了成立这个联合体的必然性 ：“有些严重的问题往往会突然冒出来，我们需要尽快有效地解决这些问题。如果确实该由我们首先拿出解决方案，那么我们会把解决问题的成果发表在科学杂志上，并编入波尔多酿酒研究刊物中。”比如在 2004 年，九庄俱乐部和波尔多葡萄酒行业理事会共同出资对酒香酵母进行研究，研究成果中列举出各种方法，去改善酒窖的卫生条件，控制葡萄酒酿造过程，以避免因使用这款酵母而使葡萄酒产生皮革味或马厩味，研究成果此后便成为解决这一问题的参照标准。

其他的研究则主要和一级酒庄有关。在 1999 至 2003 年间，一个名叫奥利维耶·特雷古阿的博士研究生着手对土壤进行研究，以发现风土条件的秘密，鉴别出产不同质葡萄酒的土壤差别，为何有的地块能出产正牌酒，而有的地块只能出产副牌酒。夏尔·舍瓦利耶注意到他的研究成果，认为他只不过证实了前人凭直觉摸索出的结果。“他的研究成果公布之后，我查阅了拉菲庄在 20 世纪 20 及 30 年代撰写的文件，那时人们就已经得出相同的结论：某些地块所出产的葡萄质量就是比其他地块上出产的差。那时候，人们并不知道是什么原因。现在我们知道其中的奥秘了，这样我们就可以把事情做得更精准，不过前人的直觉早已为我们得出了同样的结论。”

葡萄酒工艺学家德尼·迪布迪厄是波尔多葡萄种植与酿酒科学院院长，也是九庄俱乐部里的关键人物之一（他的同事范陆文教授也是重量级人物），在他看来，这类研究毫无疑问是非常有益的：“葡萄种植是一门艺术，但要想实现艺术目标，科学知识是必不可少的。因此就要去从事科学研究。尽管如此，一级酒庄并不是实验田，而是落实精心研究的成果的地方，这就是为什么不经过几年的实践检验，我们绝不会把研究成果放到一级酒庄里来实施。”

面对所有亟待开发的项目，人们目前集中精力去研究适用于葡萄树的生物处理技术，并研究该如何更好地理解葡萄酒的氧化过程。因此，一级庄在酿酒工艺研究方面始终走在最前列。

“我们会一起提出研究课题。”范陆文说道，他为白马庄做酿酒工艺学顾问，这位荷兰人是运动健将，常常去参加马拉松比赛，他也和自己的同胞一样，乐于为波尔多葡萄酒区的建设出谋划策，早在 17 世纪 30 年代，另一位荷兰人水利工程师扬·莱赫瓦特为梅多克地区挖掘排水系统，到了现代，范陆文继续将这一传统发扬光大。他口才极好，做演讲时非常吸引人，不但用词准确，而且简单明了。

“俱乐部没有专项资金，每座庄园只为项目当中与其相关的研究课题提供资金。”有时候，俱乐部还使用合作机构的设施，比如葡萄酒微发酵的研究就是在当地农业部的直属机构里完成的。它还为酿酒工艺学院的博士论文研究提供资金，向每个课题提供 5 万—10 万欧元的资助，这笔钱由 9 家庄园平均分摊。通常他们会同时资助两个课题，也就是说，每年资助的金额为 15 万—20 万欧元，“和研究成果所带来的效益相比，这笔钱并不算多。”

“我们会先在一起讨论，看大家对哪些课题感兴趣。假如某一课题从未有人涉足，我们便寻找能研究这一课题的人。为此，我们去酿酒工艺学院，咨询那里的教授，他们会在考虑各方兴趣及鉴定水平的同时，给我们提一些建议，然后再启动项目。紧接着，俱乐部就为研究者提供资助，为他租用各种实验设备提供资金，最后我们平摊这笔费用。”

从事科学研究的团队虽然没有专职人员，但他们目前有两项长期的研究任务，一个是研究线虫以及在休耕期拔掉葡萄树后线虫对土壤的影响；另一个是研究葡萄酒的微生物学（尤其是微生物对葡萄酒酿造后期的影响）。俱乐部打算设一个常务秘书，这个职务目前由各成员轮流担任：从 20 世纪 90 年代起至 2000 年初期，范陆文担任秘书，后来由玛丽·德科蒂接任（玛丽现任玛歌庄研发部主任），如今这一职务又转给拉图庄的佩内罗珀 · 戈德弗鲁瓦。

“俱乐部就像研发机构那样运作，”保罗 · 蓬塔列说道，“有些课题对各庄园来说确实都十分重要，不过每座庄园又有自己偏爱的课题，因此有时我们也对各庄园的课题做一些指导工作。”

俱乐部的活动分成两部分，一部分关注具体的研究成果，比如绘制土壤详图，克隆育苗或嫁接葡萄树实验，葡萄树病虫害的根治方法等；另一部分则对庄园的管理提出详细的建议，交流管理庄园的思路和设想。

“我认为这种高水平的研究对于提升九座庄园的优良品质将起到推动作用，从而有可能将低级别的庄园远远地甩在后面。”范陆文解释道，“这些庄园并不把彼此看作竞争对手，而且也不可能去竞争，因为无论是风土条件，还是其出产的葡萄酒都完全不同，对于它们来说，市场需求一直大于产出。如果其中某个庄园在品质上取得明显进步，那么其他庄园也会受益，因为在外界看来，它们是一个整体。”

了解风土条件

九庄俱乐部为各庄园的技术团队建立起联系，并一直精心维护这种联系，他们所从事的科学研究也是本地区最受重视的科研活动。这种合作机制揭示出一个最基本的事实：尽管一级庄的国际声望与金钱和政治不无关系，但它们的声望之所以经久不衰，主要还是因为它们那里的土壤、气候条件以及生产能力在发挥重要作用。

谁要是不信，不妨在冬天里到一级庄的葡萄园里走一遭。当葡萄园满目青翠的时候，走在通往各个庄园的路上，看到一畦畦整齐划一的葡萄树，看到绿油油的葡萄藤，真是让人心潮澎湃，沿途走过去，郁郁葱葱的小山丘一个比一个漂亮。但是当冬天掠去大地的绿纱时，各种差别便清晰地暴露出来。

“这就是为什么我一直喜欢一级庄葡萄园的冬天。”回忆起为九庄俱乐部做土壤研究的时期，奥利维耶·特雷古阿这样说道，“在春天或者夏天，我和每座庄园的技术人员一起去葡萄园，观察葡萄树的生长过程，测量葡萄树对半干旱状态的反应。但是到了冬天，我就独自一人去葡萄园，绘制土壤图表，探测土壤，提取土样，以研究土壤的化学成分，将土壤中极细微的变化牢记于心。只有在那个时候，才能真正看得懂景色深处的东西，更好地理解这风土条件的神奇之处。”

特雷古阿大概三十来岁，肤色晒得很黑，很明显是长时间待在户外的缘故，两只胳膊也显得很粗壮，这和他在葡萄园里劳作不无关系，况且他还喜欢帆船运动。他出生在诺曼底地区，他父母在那里酿制苹果酒和梨酒。他最初是在卢瓦尔河谷那边学做农业技师，后来于1997年到波尔多学习葡萄种植。“那时候，很少有人深入研究土壤学，当我告诉范陆文教授自己对土壤学感兴趣时，他就紧拽着我，再也不撒手了。”

在范陆文教授的指导下，特雷古阿起先为圣埃美隆的贝莱尔庄服务，在那里他绘制了第一张葡萄园土壤图，后来他又受雇于白马庄。1999年，就在他选择博士论文的课题时，范陆文教授再次给他提出指导性意见，建议他把课题研究扩展到所有的一级庄。他的研究课题得到范陆文教授、波尔多酿酒工艺学院院长伊夫·格洛里以及德尼·迪布迪厄的指导，并得到各一级庄葡萄种植技师的鼎力协助。在各项

地形学研究当中，最重要的就是拿两块地一组一组地作对比：一块地出产正牌酒，另一块地出产副牌酒，正牌酒和副牌酒都出自同一庄园。一定要揭穿正副牌酒之间存在差别的秘密。接着再拿葡萄生长期的两个显著阶段来作对比：冬季里拿表层土和深层土作对比；6—9 月间拿葡萄树的生长状况作对比，直到葡萄开始采摘时为止。

“这个时机很不错。”特雷古阿说，“2000 年是一个非常好的年份。在葡萄的整个生长期内，波尔多地区的气候一直很干燥，也很平稳，每座庄园之间的气候也没有太大的变化，只是各自的土壤和地形不同。因此我可以随意将各种数据组合起来，打下扎实的基础，如果下一年度的数据有不均匀的现象，就拿这个数据和下一年份的数据作对比。这三年当中我所学的东西后来给我很大的帮助，尤其是让我弄明白‘列级一级庄’的真正含义。这其中当然包括悠久的历史、生产诀窍以及独一无二的地理环境。不过人们很容易忘记这样一个事实：如果不仔细关注风土条件，那么这地方也生产不出令人满意的好酒。葡萄树需要精心培育、细心照料。葡萄种植者迟早会发现最佳的种植密度、最好的葡萄品种、最合适的修剪方法以及其他有助于改善葡萄种植的手段。如果没有这方面的研究，葡萄园是发挥不出它的全部潜力的。一旦所有这些条件都具备了，那么酿造出好酒、一级酒及特级酒的差异就取决于土壤里的各种成分。”

“总而言之，最基本的要素就是水，还要看水在土壤里是如何分配的。五家一级庄葡萄园的土壤截然不同，不过所有的土壤都有一个共性，就是能把全年得到的水都分配掉。要想酿造出高品质的葡萄酒，就要让葡萄在生长期处于半干旱的状态，我的研究在很大程度上就是分析每块土地对半干旱的反应。”

“我认为波尔多地区好的风土条件也有几种类型。比如泥灰质类的沙砾土壤可以出产好酒，但前提是一定要让土壤呈半干旱状态。过于干旱或土壤干旱度不够都是有害的，当干旱影响到葡萄藤叶时，就是干旱过头了。不过，葡萄树要经受一点干旱，才能出产更优质的葡萄。”

特雷古阿的论文里还是有一些令人感到吃惊的内容。比如拉图庄的昂科洛地块，这块地在 20 世纪出产的葡萄酒品质上乘，而且质量一直很稳定，但这块地下却有一个很厚的黏土层。“沙砾土壤层的厚度为 50—80 厘米，”特雷古阿说道，“再往下

就是第三系黏土层，拉图城堡的所在地也是这种土壤，人们对此感到非常惊讶。这类土壤又称‘膨胀性黏土’，柏图斯和波默罗勒地区大都是这种土壤。在波亚克所有一级庄的地层深处都有这类土壤，但在昂科洛地块，这种土壤特别多。一般情况下，人们不会在黏土地上种植赤霞珠，但这种膨胀性黏土可以确保水能缓慢地分配出去。这真是一种神奇的土壤，它能保护葡萄树免受时好时坏年份的侵扰，在波尔多地区，年份时好时坏是常有的事。即使在下暴雨的时候，雨水也贮存在黏土里，不会将过多的水分传给葡萄树根，因此葡萄不会膨胀得很厉害。”说到这儿，他脸上露出一丝微笑。“在下暴雨的时候，这种土壤会变得很黏，不过在拉图庄园里，黏土层上面有厚厚的沙砾层，这层沙砾的位置真是恰到好处。”

拉菲庄位于波亚克葡萄产区的最北端，其中一块地处在圣埃斯泰夫的地界上。在有些地段，沙砾层竟深达 27 米，而那一地域的沙砾平均深度为 2—3 米。这些沙砾大部分来自比利牛斯山脉，是 70 万年前由加龙河水冲过来的。再往南就是玛歌地区的沙砾地，那儿的沙砾来自中央高原、利穆赞和佩里戈地区，颜色更灰暗，砾石更呈乳白色。波亚克地区大部分土地都覆盖着坚硬的硅质砾石，砾石形态各异，质地也不相同，因此这一地域出产的葡萄酒不但典雅，而且富有强度和深度，分级也很细腻。

“在梅多克地区，这类沙砾地的最大差别就在于水质。”范陆文教授解释道，“玛歌庄更靠近多尔多涅河与加龙河的交汇处。多尔多涅河流经中央高原，而加龙河则发源于比利牛斯山。这样的地理位置使玛歌葡萄产区成为梅多克地区土壤最多样化的区域。”

“在五大一级名庄当中，最多样化的土壤还是在侯伯王庄园里。”特雷古阿接着说道，“多样化的土壤再加上各种类型葡萄品种，侯伯王庄酿造的红葡萄酒和白葡萄酒都是特级佳酿也就不足为奇了。那里有石灰质土壤，有沙砾地，有黏土层，所有这一切形成多样性的组合，这也清楚地表明，好的风土条件能得出什么样的结果。由于侯伯王庄就坐落在城市边缘，昼夜温差并不像其他地区那么明显。然而葡萄生长需要足够大的昼夜温差，因为温差对于提取可溶性单宁及酒中复杂的芳香气味非常重要，不过良好的风土条件可以避免高温的侵害，因此葡萄树也就得到了相应的保护。”

为葡萄园绘图

在各相关方看来，特雷古阿为葡萄园绘制的图表非常有用，特别是这些图表展示了在葡萄园里控制水量的重要性。为了检测葡萄园的水量，五家一级庄投资购买了必要的设备。

在对葡萄园倾注心血方面，木桐庄应该是一个典范，庄园的某些地块自 1900 年起一直在出产葡萄。不管是在什么地方，只要有可能，大家都愿意采用木桐庄在自家苗圃里用克隆技术培育的葡萄苗，将其种到不同的土壤里，特雷古阿在其论文当中也对这些不同类型的土壤作了详细论述。达吕安进一步解释说："接着，我们就按照葡萄树龄和栽培品种去检验葡萄，当然也按照出产葡萄的不同地块去检验，在同一地块上，我们发现好几种参考因素。除了已完成的深入研究之外，我们还利用遥感卫星图像以及其他检测手段，把相关的地域区别开来。葡萄采摘榨汁之后，从葡萄酒开始酿造直到次年的 1 月底，我们每隔两天就查验一次酒窖。"

在玛歌庄，科学研究已揭示出掩盖在风土条件背后的秘密，从而更好地去鉴别酿造好酒的各种因素，以前虽然大家也一直强调风土条件的作用，但却缺乏科学依据。"正牌酒和副牌酒往往用的是同一葡萄园出产的葡萄。"蓬塔列说道，"尽管对于某些地块来说，这和年份有很大关系。然而，这些所谓'变幻莫测'的地块正是最值得研究的，而且也最值得用微酿造法去酿酒，以便能时刻跟踪整个酿造过程。"

为此，玛歌庄园最近安装了几台容量为 2500 升的不锈钢酿酒罐，每台酒罐可以酿造 100 升葡萄酒（约用 2500 平方米葡萄园或 18 畦葡萄树出产的葡萄），这样就可以更好地去了解这些地块。"我们至少要用 10 年的时间去研究这些地块，除了采用微酿造法之外，我们还在酿造初期以及陈酿的过程中不断地去品鉴葡萄酒。不论是红葡萄酒还是白葡萄酒，采用这种方法就能做到很精确。"

特雷古阿目前住在贝济耶，成为独立土壤学家，但仍然积极参与一级庄的土壤研究项目，他最近参与了拉菲庄在中国种植葡萄的项目。"做完博士论文之后，我大概用了两三年的时间才真正意识到此前所做的研究有多么重要。在对不同土壤做过详细分析之后，我发表了很多文章，

三四年过后，有人依然在发表这类文章。然而，尽管所有的解释都是合情合理的，但风土条件的魔力依然存在。即便今天我们能对其中 70% 的因素作出合理的解释，但总有一小部分是无法解释的。所有的一级庄都相信他们的风土条件是最好的，而这正是最重要的。虽然他们所采用的方法不尽相同，但都对自己所从事的事业抱着坚定不移的信念。”

布瓦瑟诺父子

除了庄园的总经理及奥利维耶·特雷古阿之外，还有一位深刻了解各庄园土壤的人，他就是葡萄酒工艺学顾问雅克·布瓦瑟诺。40 年来，他一直默默无闻地协助庄园去酿造那些在全球最受热捧的葡萄酒。作为军人的后代，他虽然出生在贝鲁特，却与梅多克结下了不解之缘，而且很少离开梅多克。和戴尔马、蓬塔列以及劳顿家族一样，他们家族的好几代人也都得到一级庄的聘用。

其实，雅克·布瓦瑟诺对葡萄酒的爱好并非源于他父亲，他父亲顶多也就喝点普通型的葡萄酒，而他本人在成年之前根本就没沾过那些“闻名遐迩”的好酒，不过他却把这一爱好传给了他儿子埃里克。他们在梅多克北部的拉马克有一间办公室，父子俩在同一个办公室工作，父亲总是穿着条纹裤子，儿子却喜欢穿牛仔裤，他们父子俩都很谨慎稳重。

要说起来，世间没有什么能和这些葡萄酒比肩，因为真正的明星是这些名酒，而不是为酿制葡萄酒而工作的人。要想让每一款葡萄酒都成功，这其中的秘诀就是要保持它的个性。“对于许多葡萄酒来说，风土条件十分重要，不过支撑风土条件的观念也同样重要。”雅克·布瓦瑟诺说道，“既然要做葡萄酒工艺学顾问，就得去弄懂这一观念，而且还要善于分析别人的心理。面对最著名的佳酿时，我们并没有太多施展自己技能的空间。我们所能做的事情，就是根据庄园的自然条件，去进一步改善这些名酒，并且要尊重它们所做的一切。”波尔多酿酒工艺学院的传奇人物埃

左页：雅克和埃里克·布瓦瑟诺。

玛歌庄园的葡萄园。

页 236 ~ 237：侯伯王庄的苗圃，用以研究各种葡萄栽培品种，并积累用克隆技术培育葡萄树苗的经验。

米尔·佩诺是雅克·布瓦瑟诺的老师，也是他的好朋友。毕业之后，布瓦瑟诺帮助佩诺在吉伦特省建立了五个酿酒工艺中心。这些实验室是最早建立起来的检测机构，在此之前所有相关的检测都由当地的药剂师来完成，从那时起，实验室便在各酿酒重镇逐步设立起来，而且从战略角度出发，全都设在距离葡萄园很近的地方：一个在“两海之间”[1]，一个在格拉芙地区，一个在右岸地区，两个在梅多克地区。当布瓦瑟诺要去管理波亚克的酿酒中心时，他觉得那里的风景非常美，而且那里的环境也正是他所喜爱的。

他把对这个地区的爱也传给他儿子埃里克：“要说留在这儿，我真的不需要非下什么决心不可。我生于斯长于斯，我的客户也都在这里，这是再清楚不过的事情了。我喜欢梅多克地区的赤霞珠，喜欢它带给葡萄酒的那种清新感，这真是太神奇了。”在佩诺退休之后，布瓦瑟诺把他的部分客户也接过来：1976 年，拉菲庄成为他的客户，玛歌庄从 1987 年开始和他合作，拉图庄和木桐庄则分别在 2000 年和 2005 年寻求与他合作。只有侯伯王庄还不是他的客户，要不然这五大名庄的头彩就落到他头上了，但侯伯王庄决定不选用外人做顾问。

五家一级庄都有自己的技术团队，各个团体人员众多，经验丰富，不过布瓦瑟诺父子俩的角色就是带来一种平衡，因为他们毕竟对其他庄园的经验了如指掌。

“能为这些一级庄工作真的很开心。”雅克说道。他时年 64 岁，说起话来很慢，语调也很平静，语气略显严肃。“从深层次上看，每座一级庄之所以能成功，就是它的地理价值在起作用。只需要看一看这些庄园坐落在什么地理位置上，就能明白为什么它们出产的葡萄酒会如此出色。”如今雅克·布瓦瑟诺将工作重点放在酒窖上，为庄园提供酿酒方面的协助与建议，而埃里克则把重点放在葡萄园里。最近他们刚为玛歌庄的一块地做

[1] 波尔多的葡萄产区名，位于多尔多涅河与加龙河之间。

Canaril

Carmenère
de T.T.

拉图庄用马在葡萄园里耕地。

完分析，这块地一直种植梅洛葡萄，有些葡萄树龄已达25年，所出产的葡萄用来酿造玛歌的副牌酒——玛歌红亭，但在深入研究这块地的风土条件之后，他们感觉这块地品质相当出色，所出产的葡萄完全可以酿造正牌酒。“我们正在重新鉴定这块地的性质。”蓬塔列说道，“我们准备修改这款葡萄酒的定位，在那块地上混种梅洛、赤霞珠和品丽珠，以改变葡萄酒的密度。”

布瓦瑟诺和蓬塔列喜欢通过学习前人的做法，来改善现代酿酒工艺。“在20世纪80年代，出现了许多技术创新，”蓬塔列说道，“因为那时候葡萄酒销路非常好，而且我们手中也有充足的资金去投资。我们最初尝试着去简化生产模式，把葡萄园整理成方块形状，让拖拉机或其他农业机械能在葡萄园里作业，但我们逐渐又恢复采用19世纪常用的耕作方法，这些方法不讲究均衡，甚至显得毫无条理。我们查阅了前人绘制的葡萄园分布图，从中得出很有意思的想法。不过，我们绝不会把这些微小地块出产的葡萄放在一起酿酒，因为我们想分别去研究每块地出产的葡萄的特性。”

侯伯王庄的风土条件

侯伯王庄并不聘用外面的酿酒工艺顾问，戴尔马和庄园自己的酿酒工艺师让-菲利普·马斯克雷一直在和波尔多酿酒工艺学院密切合作，酿酒工艺学院甚至在侯伯王庄里设立了一间很大的实验室。波尔多的许多庄园都只是密切关注某一“样板地块”，在葡萄采摘季节之前作检测，看葡萄是否成熟，但是在侯伯王庄里，每一块地都要定期检测。“在这个行当里，我们应该不断地调整自己的选择。”戴尔马说道，“我们应该清醒地认识到，这些选择往往是主观的，而且人不可能不犯错误。不过，我们一直设法把检测扩大到更广阔的范围里。在为期两个月的葡萄采摘季节里，有两位员工将把全部时间都用来检测葡萄的成熟状态，他们全天只做这一项工作。每一块地要至少检测三到四遍，因为每一块地都被当作是一个独立的葡萄园，因此这块地会种植不同的葡萄品种，葡萄树的修剪方法也不同，对葡萄园的管理手段以及处理方式也都不同。由于我们的土壤多种多样，而且各个土壤层都很厚，其中有沙砾、沙子和泥土等，我们必须要考虑这些风土条件。”

和木桐庄一样，侯伯王庄也有自己的苗圃，他们在苗圃里采用克隆技术培育葡萄苗，然后将葡萄苗种植在多种多样的沙砾土里。“我们采用克隆技术培育优良的葡萄苗已有几十年了。”戴尔马说道，“不过，我们尚未把克隆葡萄苗全部种下去。”侯伯王庄采用克隆技术培育葡萄苗始于20世纪70年代，是波尔多最早采用克隆技术的庄园之一。为了确保葡萄栽培品种的多样性，他们会在每一小块地上种十几株克隆葡萄苗。

在拉菲庄，埃里克·科勒负责对葡萄园和葡萄酒实施质量控制和持续改进。科勒是图卢兹人，农业工程师，花了5年时间去研究整个酿酒工艺的各个阶段，以鉴别出各阶段的优缺点。他和夏尔·舍瓦利耶曾在拉菲丽丝庄工作过（拉菲丽丝庄是罗斯柴尔德在索泰尔纳地区的庄园），然后来到拉菲庄。“他要做的工作并不是去研究和探讨最经济的酿酒工艺，因为研究最经济的工艺是我的工作。”舍瓦利耶说道，“他的工作是要密切关注正在运行的工艺，关注那些需要改善的工艺。”目前，科勒负责拉菲庄在中国的葡萄种植项目。

“我们以奥利维耶·特雷古阿和埃里克·科勒的研究为起点，在葡萄园就能做出最好的选择，而且开始更好地了解表层土壤和深层土壤。”舍瓦利耶接着说道，“为此，我们修改了部分微生物发酵工艺，改变了某些酿酒做法，确保每一阶段都绝对卫生，并从总体上来改进整个工艺的严谨性。我们只是给工艺带来变化，而不是对工艺进行彻底的改变。为了酿造著名的佳酿，我们依然采用木制酒桶，用木制酒桶去酿造每一小块地所出产的葡萄，根据我们常年积累的经验，这些小地块出产的葡萄是最好的。不过我们还是添置了混凝土酒窖，容量为400至1200升，专用于精酿小地块所出产的葡萄，并对某些葡萄品种实施微酿造法，尤其是新葡萄园出产的梅洛葡萄。”拉菲庄并不像木桐庄及玛歌庄那样，愿意采用遥感卫星图像去观察分析葡萄园的状况。他们更愿意亲自跑到葡萄园里去观察，去品尝。“我并不完全依赖科学手段。”舍瓦利耶说道，“那些比我年轻的同事可能更相信科学手段，但是我们绝不会让科学牵着自己的鼻子走。我的角色倒更像是一个年老的智者，我会让周围的同事们冷静下来，而且确保我们所采取的决策是经过深思熟虑酝酿出来的。”

在拉图庄，除了埃里克和雅克·布瓦

瑟诺提供协助之外，农学家佩内罗珀·戈德弗鲁瓦在庄园里负责葡萄种植，并领导整个研发部门。她和弗雷德里克·昂热雷密切合作，每天开始工作的第一件事就是到各个葡萄园里转一圈，但是到了葡萄生长的关键时期，她会在葡萄园里待上几个小时，一路走着去检查各小片地块的葡萄状况。如果要走很远的路去检查葡萄生长状况的话，拉图庄里的员工一般都会骑自行车前往。目前，他们正逐渐将昂科洛地块转变为采用生物动力法种植的试验田。

他父亲雅克把话题转到另一件事情上："在葡萄种植以及酿酒工艺方面，人们已经取得很大的进步。不过，即使没有任何缺陷的葡萄也会面临一些问题。有了问题，就想设法去彻底解决，要打消这样的念头还真是挺难的。许多人都想夸大葡萄的成熟度，过分相信萃取以及单宁的作用……但这并不是我们要研究的，一级庄也一直在回避这个话题。他们倒更希望让葡萄酒自己去讲话，而不需要外人去高声呐喊。"

赋予葡萄酒话语权

"其实酿造一款好酒并不复杂。"埃里克·布瓦瑟诺说道，"只需要有一般常识就行。我喜欢口感复杂、均衡，又不丰满浓郁的葡萄酒。要想酿出这样的酒相当简单，不需要借助高深的工艺。不过，千万不要毁掉葡萄酒的地域特性，这才是最重要的。待葡萄熟透了再去采摘就会让葡萄酒失去其地域所特有的口味。一定要相信自己的感觉，相信自己把握葡萄成熟度的观察力。葡萄熟透了再去采摘，这样最容易，但我对这种做法不感兴趣。"

页 244 ~ 245：拉图庄在做生物有机种植及生物动力种植实验。

BIO

BD

LES FORTS
DE LATOUR
ECHANTILLON

EN PRIMEURS

8

葡萄酒期酒交易

无论是庄园的技术总监，还是像雅克 · 布瓦瑟诺这样的酿酒工艺顾问，一年当中有两个阶段对他们来说最为重要：一个是 9 月份，这也是最关键的月份，他们要仔细查验葡萄的成熟度，来决定什么时候开始采摘。另一个是次年的春天，这一阶段和葡萄酒销售密切相关。这一阶段同样容不得半点差错。

在葡萄酒期酒交易的那一周里，各庄园都拿出新年份葡萄酒，这也是波尔多葡萄酒业商务日历里最激动人心的时刻。由波尔多名庄联合会出面组织的期酒交易就是规模宏大的品酒会，每年有近 5000 名来自世界各地的客户以及媒体记者出席品酒会。

第一波品酒浪潮是在 3 月中旬，这个品酒会主要对波尔多葡萄酒商开放，酒商们品尝各种葡萄酒，并评估其价值，以便为下个月的销售制定出营销战略。第二波浪潮是蜂拥而至的记者以及大批来自各地的客户，他们到这里要度过疯狂的一周：去品尝葡萄酒，参加午餐聚会和晚宴招待会；到各个葡萄产区走一走，再顺便看一看各个庄园。

不过，对于一级庄而言，像以往一样，他们的期酒交易则是另一幅场景。他们不会主动去接近客商，这样才能凸显一级庄那尊贵的地位，而且要求潜在的客户提前预约，才能来庄园品酒。他们酿造的葡萄酒是不会送到一般品酒会上去的，即使像汇集 1855 年列级酒庄葡萄酒那样的品酒会，也难看到一级庄葡萄酒的踪影。

诠释年份

2011 年 4 月，保罗 · 蓬塔列的儿子蒂博 · 蓬塔列刚从香港赶回来，履行自己的职责。品酒会已进入到第三天。他感觉嗓子很痛，不得不在脖颈处围一条丝质围

右页：一位在拉图庄品酒的品酒师。

巾，尽管如此，他讲话的嗓音还是十分洪亮，整个大厅里鸦雀无声，大家都在听他演讲。他晃了晃手中的酒杯，脸上露出迷人的微笑，酒杯里倒了少许刚从木制酒桶里提取的2010年玛歌庄的葡萄酒。“我们承认这并不是普通的葡萄酒。当我们品鉴玛歌庄的葡萄酒时，气氛总是非常宁静。肯定要发生什么事情：我们并不仅仅是在品鉴葡萄酒，而是在联络感情。”他坚持说下去，而大厅里的所有人，不管是酒商，还是客户，或是记者，都在认真听他演讲。“一种好的葡萄酒是可以品鉴的，而一种一级葡萄酒只需闻一下就能感觉出来。”

如果把每次期酒交易会的品酒活动比作在绣布上绣图案，那么这块绣布已经连续绣出12个图案了，不过这一周蒂博还要在那上面一直绣下去。至于说诀窍嘛，那就是用词要简洁明了（“单宁水平和去年持平，不过酸度会更高一些”），而且善于和客户友好互动（“在这大厅里有人是第一次来玛歌庄园的吗？”），当然还要抓住人的心理（“有人说2010年是一个很普通的年份，但是它的强度、密度以及清新度水平绝不是普通年份所能达到的”）。就在他做演讲的时候，他父亲保罗则从大厅一侧的通道走过去，不声不响地溜出大厅。

在玛歌庄的其他地方，他的四位同事正在做类似的演讲，他们是研发部主任玛丽·德科蒂、技术总监菲利普·巴斯科勒、酿酒师菲利普·贝里耶以及销售总监奥雷利安·瓦朗斯。玛歌庄园主科琳娜·门采尔普洛斯和总经理保罗·蓬塔列也随时准备去接待“少数幸运儿”。在这个星期当中，将有2500多位葡萄酒业人士前来庄园,其中有300多人来自中国大陆和香港，他们将走进玛歌庄园的大门，出席五场品酒会，这五场品酒会将分别在制桶工场、新发酵坊、博物馆以及放置木酒桶的酒窖里举行。尽管品酒会分别在几个场地举行，但每天接待500名前来品酒的客户也实在是太多了。最早的品酒会安排在上午9点钟开始，每位前来品酒的宾客可以用半个小时品酒，而最晚的品酒会则安排在下午5点，甚至6点。走进庄园建筑物那深红色的大门之后，宾客们便朝中央接待台走去，甘沃尔·比扎尔、玛丽·默尼耶和乔安娜·卢贝在那里面带微笑，手里拿着应邀出席品酒会的宾客名单，热情地接待他们。他们面前摆着介绍葡萄采摘季节的小册子，有英语、法语和汉语文本。现场的气氛平和、宁静，只是在接待处人显得比较多，但宾客们很快就分散到各个品酒大厅里。城堡外面阳光明媚，气温也比较高，阳光下达30度。所有人都很高兴能到这里来品酒。

左页：从左至右：蒂博·蓬塔列、亚历山德拉·门采尔普洛斯、奥雷利安·瓦朗斯（玛歌庄园）。

期酒的探戈

为了给接待团队增加人手，侯伯王庄特意请来一队接待小姐为品酒会服务，她们身穿藏蓝色裙子套装，戴着真丝围巾，每个人手里拿着一份四个品酒大厅的详图，上面分别打上黄、橙、绿、蓝的标记，还拿着一份前来品酒宾客的名单。她们每人配备一部手机，便于相互联络以确保每位宾客都被送到他应去的品酒大厅，或者去接待迟到的宾客。每位接待小姐都待在指定位置上，不过总经理让-菲利普·戴尔马和庄园主人罗伯特王子则在品酒大厅里穿梭走动，以便和更多的宾客面对面交谈。

对于所有的宾客来说，能到一级庄城堡里品酒机会难得，他们不仅想品酒，而且还想把自己的感想告诉戴尔马，或转达

PRÉSENTATION DU MILLÉ
CHÂTEAU LA
HAUT-BRION BLANC

TASTING NOTES

左页：卢森堡大公国的罗伯特王子和让-菲利普·戴尔马在一起（侯伯王庄园）。

给罗伯特王子，再到花园里走一走，为这座漂亮的城堡拍几张照片。在美讯庄园举办的一次媒体专享品酒会上，戴尔马和罗伯特王子与美国著名女记者爱琳·麦考伊就年份酒的细腻之处交换了意见。“今年我们为正牌酒测试了 40 种混酿酒。”戴尔马说道，“这真的不容易，因为所有的葡萄品质都非常好，每个批次的差别可以说是微乎其微。混酿可不像数学，要完全凭感觉去做。”

从侯伯王城堡的植物暖房，再到美讯庄镶着哥特式护壁墙板的一层大厅，每个品酒大厅里都摆放着介绍葡萄酒的宣传册，上面注明历次混酿的过程，但不透露任何技术细节。技术团队的技师们引导样酒的品尝活动，并向宾客提供必要的信息。品酒大厅里的所有人都把相关信息匆匆记在本子上，最先介绍的是两款正牌红葡萄酒：侯伯王城堡和美讯；接下来是两款副牌红葡萄酒：侯伯王克拉伦斯和美讯小教堂；再接下来是两款白葡萄酒：侯伯王干白和美讯侯伯王干白。就这样，随着一队队前来品酒的宾客进进出出，品酒活动以品鉴红葡萄酒开始，以品尝白葡萄酒结束，服务生悄声无息地端来干净的酒杯，并斟上新的样酒。

这项工作很辛苦，但却让人感到快乐。对于许多人来说，这是一年过后首次见面，老朋友重逢总是一件让人高兴的事。第一次前来品酒的客人也得到热情接待，但私下里人们还是要对他作出评判。有些酒商希望能拿到更多的配给，虽然向庄园直接提出这样的要求显得有些唐突。最近几年，一级庄对他们的分销渠道实行更严格的控制，配给也随之大幅削减，因此有些酒商很想知道自己究竟能拿到多少配给。尽管天气有些热，但几乎所有人都穿着西装，系着领带。

品酒会：物资细节

当然，期酒交易的目的就是刺激销售，人为制造一种冲动，好把价格提上来，由此获得更高的利润，不过举办这样的活动需要投入的资金可不是小数目。在为期一周的期酒交易活动中，木桐庄要消耗掉300瓶葡萄酒，相当于整整一桶酒，而整个品酒活动至少需要三桶酒，即900瓶葡萄酒，如果按每瓶均价400欧元计算的话，那就相当于花费掉36万欧元。在2011年4月份，木桐庄先后接待了1800多位宾客。与其他一级庄相比，木桐庄的品酒会相对显得更加轻松，但魅力却毫不逊色。庄园大门依然有人看守，门卫手里有一份应邀出席品酒活动的宾客名单，客人进入庄园之后，身着盛装的接待小姐热情地陪同他走到一辆高尔夫场地车前，一位身穿白色制服、肤色晒得黝黑的司机将客人一直送到城堡门前。城堡里有一间品酒大厅，旁边还有一间小厅，用来进行小范围的品酒活动。为期酒交易活动服务的一共有六位司机，他们是临时招聘来的，一般都是大学生，或者是刚毕业的酿酒工艺师，有他们在这儿服务，庄园就营造出一种乡间俱乐部的气氛。品酒会结束后，有些宾客便去城堡里的小卖部，准备选几件纪念品，比如古式大肚玻璃瓶，或者宣传名酒的海报等。

在品酒大厅里，埃尔韦·贝朗、菲丽宾女男爵以及庄园的其他管理层人士迎接来自各地的宾客，并准备回答他们的问题，但绝不会给人留下令人敬畏的感觉。介绍葡萄采摘季节的宣传小册子也都印成英语、法语和汉语。品酒台上摆放着德国水晶玻璃红酒杯、木桐庄的正副牌葡萄酒，其中有小木桐、达玛雅克城堡、克拉米伦城堡以及木桐-罗斯柴尔德城堡，他们邀请宾客到酒台前来拿酒，慢慢细心品鉴。品酒会的气氛既平和又勤勉，就像图书馆里的气氛似的，有时女男爵菲丽宾和她的两个儿子菲利普和朱利安也到会场欢迎宾客，让气氛一下子变得热烈起来。

在拉图庄，整个品酒活动组织得有条不紊，而且非常专业。如果应邀前去品尝，一定不能迟到，因为主人不喜欢迟到的人。在接待处，所有受邀者的名字都被仔细地打上标记，有人就是趁这时候软磨硬泡想把自己的名字弄进花名册里，因为最后一刻来的客人将被拒之门外。在2010年期酒交易活动举办之前，拉图庄决定只邀请900位宾客，这些宾客无意间竟被载入史册，因为一年之后，拉图庄宣布决定退出期酒交易市场。拉图庄分批接待来品酒的宾客，列在同一份名单上的宾客在一起品酒，这和玛歌庄的做法截然不同，玛歌庄将各个团队任意组织在一起。品酒会不是由总经理弗雷德里克·昂热雷主持，就是由市场营销总监让·加朗多引导。

拉图庄有两个品酒大厅，使用哪个大厅要根据团队人数的多寡来决定。最大的品酒厅在城堡的前侧，大厅两侧是落地玻璃窗，外面的光线可以直接照射进来，落地窗外面就是葡萄园。大厅里配备一个窄长的白箱子，用来做品酒台，另外还在隐蔽处放置吐样酒的器皿，圆形玻璃吊灯就垂悬在品酒台的上方。办公区域的后面还有一间接待厅，比大厅小很多，照明也不太亮，但小厅外面的景色很美，成片的葡萄园顺着缓坡朝吉伦特河延伸而去。介绍葡萄采摘季节的宣传册是五家一级庄里最详细的，用图表及图画来解释如何掌握半干旱程度、酒精度、PH 值以及酸度，要品尝的有三款葡萄酒：波亚克、小拉图以及拉图城堡。鉴于邀请的宾客人数相对比较少，品酒会就用 80 毫升的玻璃杯，在整个一周的品酒活动当中，拉图只消耗掉一桶半葡萄酒，即 450 瓶酒，若以均价每瓶 400 欧元计算，大约花费了 18 万欧元。

在拉菲庄，即便 1500 位宾客有幸得以进入波亚克的城堡，这个数字也比申请参加品酒会的人数少很多（约 3000 人提出申请），因此，大概有一半人被挡在城堡外面。

混酿的秘诀

各庄园提前几个月就开始准备期酒交易活动，通常是在圣诞节前后就开始准备。在整个品酒活动期间，为品酒会推出的葡萄酒是以 9 月份和 10 月份采摘的葡萄酿造的。

就在各部门总监忙着监制葡萄酒时，各办公室人员则负责品酒会的后勤工作：组织接待几千名宾客，安排那一周所有的午餐、晚宴以及商务约会。1 月份就能收到客户发来的商务约会申请。申请约会的数量是那一年份酒的品质以及市场容纳度的首个指数。进入 3 月份之后，到了一定时间，庄园就不再接待散客，好让整个团队全力以赴制订出期酒交易活动的具体方案。

但是要想让这些活动安排得以顺利进行，首先就要为第一次取酒做准备，而混酿就是这一过程最重要的决策。在波尔多地区，所有的葡萄酒一直是用好几种葡萄酿造的，但每一个葡萄品种在酒中占多大比例，则要视当年各葡萄品种的品质以及每块产地的状况而定。

通常木桐庄总是第一个完成混酿，一

DOMAINES
LAFITE
R
BARONS DE ROTHSCHILD
CHÂTEAU
LAFITE ROTHSCHILD
ECHANTILLON
2011
00195
13/04/2012
PAUILLAC

般在 12 月底就结束了，也就是说给期酒交易留出三个月的时间。“其实并没有什么既定的规则。”菲利普 · 达吕安说道，“不过，我们更愿意先把葡萄酒混好比例，再放到木桶里陈酿。当然，我们也可以先让酒在酒桶里陈酿，待陈酿后期再去调混合比例，但我们相信橡木桶总会给酒添点什么东西，它可以让酒变得更圆润，更柔和，并缓和风土条件带来的影响。我们只想用最天然的材料去做混酿。”侯伯王庄也不甘落后，混酿的决策通常在 12 月底或 1 月初就制定好，从 1 月中旬起，技术团队便每天召集会议，跟踪实施混酿的决策。不过在玛歌庄和拉菲庄，这个过程时间拖得比较长，他们要到 2 月或 3 月才能完成混酿。五家一级庄都是先混酿正牌酒，而副牌或其他类型的酒则用数字来表示。“这套系统很简单。”在期酒交易开始之前一周，保罗 · 蓬塔列这样说道。“最难的是决定要用哪块地产的葡萄去做正牌酒混酿，接着再去决定用哪块地产的葡萄做副牌酒及三标酒，现在我们已经在做四标酒了。这大概需要一个月的时间，在那段时间里，我们把所有的样酒都汇集在一起，一个接一个地去品鉴。”

整个过程只有少数几个人参加，在玛歌庄是三四个人，再加上埃里克或雅克 · 布瓦瑟诺，在侯伯王庄是三个人，而在拉菲庄是七个人。“混酿的时候，团队所有的人最好都在场。”蓬塔列明确指出，“因为在混酿过程中，一个人总会有头脑不清醒的时候，出错的风险也就在所难免了，因此有其他人参与进来总是一件好事。在整个 2 月份里，我们反复品鉴，直到达成一种共识。鉴于品质总是由高至低，我们先把最好的地块鉴别出来，这些地块出产的葡萄肯定用于酿造玛歌庄园的正牌酒，然后再由此往下，推出副牌葡萄酒。”

当蓬塔列来到玛歌庄担任总经理时，75% 的葡萄榨汁用来酿造正牌酒，25% 的葡萄榨汁用于酿制副牌酒。到了 2010 年，副牌酒的产量甚至减少了 10% 到 15% 左右，因为 200 欧元 1 瓶的副牌葡萄酒应该算是顶级价格，要想卖出更高的价钱几乎是不可能的。总之，在 2010 年份的葡萄酒里，大概有 1 万箱是正牌酒“玛歌庄园”，1.2 万箱是副牌酒“红亭”，还有 1000 箱是一款新推出的三标酒。在拉菲庄，混酿酒始于葡萄采摘季节，从技术团队决定将葡萄皮浸渍到葡萄汁里的那一时刻就开始了。“（浸渍时间的）决定将会影响到葡萄酒的香气、颜色以及单宁，因此掌握这个时间点就变得非常重要，这也是一年当中最重要的时刻之一。”舍瓦利耶说道。在2月份，虽然混酿的理论值已配比妥当，但实际混酿的工作要到2月底或3月初的时候才能进行，也就是说在期酒交易品酒会之前几周进行。

“混酿的时候，七八个人围坐在桌子旁。我们对新年份的正牌和副牌葡萄酒作出评估，并决定哪一种品质可以成为正牌酒，哪种品质排为副牌酒。今年在2月初的时候，我们有三四种选择。品鉴完全是在盲态下进行，以筛选出最佳选择。品鉴过后，助理递给我一个信封，里面注明被选中的酒预计可以出产多少瓶酒。在这之前，我一点儿也不知道，埃里克男爵一直保持着这一传统，而且绝不想做出任何更改。这完全是由品质来做决定。当然，拉菲葡萄酒的高价格让我们有能力去投资，因此每一年都要竭尽全力去改善葡萄酒的品质，这既是动力也是乐趣。不过，在庄园的发展史上，我们曾经经历过极其困难的时期，对此我们一直有清醒的认识，而且也知道所有好的结果都是用艰辛的努力换来的。”

价格、配给和交流

“在整整三个月当中，整个波尔多地区都在不停地喝咖啡。”[1]说起期酒交易之后的状况时，一位酒商这样描述道。大规模品酒活动结束后，整个波尔多在随后的几天里陷入死一般的寂静。要是依照正式的说法，期酒交易品酒活动持续一周，但实际上，整个活动要持续两到三周，因为有些媒体记者要到3月底才来品酒，而有些大宗批发酒商倒宁愿等到所有客商都走了之后，才来酒庄与庄园主单独会面，因为接下来就是决定配给的时期，与庄园主面对面的接触非常重要。

与此同时，所有的庄园又都恢复正常的工作。就在2011年期酒交易的那一周，人们获悉，在辅佐保罗·蓬塔列为玛歌庄工作11年之后，菲利普·巴斯科勒总监将离开玛歌庄园，前往美国加州纳帕谷的伊哥路庄园，为弗朗西斯·福特·科

[1] 法国人习惯于在咖啡馆里谈生意，此指波尔多的酒商们忙着为接下来的销售做准备。

波拉工作。几个月过后，木桐-罗斯柴尔德庄园的埃尔韦·贝朗宣布将从总经理的岗位上退下来，到 2012 年春天将正式退休。一级庄管理团队的关键人物通常很少离任，一旦有人离任，当地人便开始打探消息，看谁将去接任空出的职位。也就在那个时候，新年份的葡萄又开始年复一年的生长周期，随着天气逐渐变暖，从 4 月底到 5 月初期间，葡萄园里的工作也慢慢增多起来。在几个月的时间里，庄园的经理们集中精力去做混酿，组织期酒交易活动，安排接待各地的宾客，忙过这段时间之后，他们便前往各国走访客户，了解最佳市场的发展状况，为期酒价格放出口风，并以此来评估价格对未来市场的影响。

如今，最小的庄园最先公布自己的价格，紧接着是稍微有些名气的庄园，比如中级酒庄、小圣埃美隆、佩萨克-雷奥良以及波美侯等，便紧随其后公布价格，然后就该列级酒庄粉墨登场了，最后压轴的就是备受尊崇的一级庄，他们通常会在 6 月底或 7 月初公布自己的价格。而在过去，公布价格的顺序截然相反：一级庄率先公布价格，在期酒交易一开始就为市场定下基调，其他庄园则根据这一价格来调整自己的价位。在这方面没有什么规则，强行规定哪个庄园应最先拿出价格，当然更没有规则去强迫他们向某个价格看齐，不过当一家庄园公布价格之后，人们可以肯定，没有哪个庄园会给出更低的价格。说起这个话题，克里斯托弗·萨林非常直率："假如我认为玛歌、木桐或者不管哪一家庄园率先公布了一个合理的价格，那我也会跟着公布这样的价格。但是要和一级庄唱对台戏，那我就没有兴趣了。"

在 81 岁高龄的达尼埃尔·劳顿看来，如今期酒交易已远不如过去那么红火了。他的外甥埃里克·萨马泽伊接替他掌管公司的业务，公司大部分日常业务也交给他去打理。不过，达尼埃尔还是照样每天早上 9 点钟准时来到办公室，花上大半天时间和庄园主或酒商讨价还价，并密切注意市场反应。在期酒交易过后的几个月里，经纪人是一个关键性的人物，经纪人的意见要随时随刻更新。

"这一年从头到尾，我们就是各庄园的共鸣箱。"达尼埃尔说道，"如果哪家庄园发货迟了，或者客户未能及时付款，我们都会及时通知客户，并提醒客户如果不及时付款，那他将来很有可能拿不到配给，我们尽量做到公正透明，因为我们不会把任何一方的信息扣在自己手里。在期酒交

Château Margaux
ECHANTILLON
2011

易之前，我们每天都和庄园主人以及酒商保持联系，以便明确了解他们各自的立场。在期酒交易时，我们会尽力去了解市场销售状况。正如 1855 年列级时那样，波尔多地区的价格数据都掌握在经纪人手里，而且这个数据是极为可靠的。”

凭借这些信息，再加上从酒商及全球各地客户那里得到的其他信息，各庄园主人便决定将陈酿好的葡萄酒投放到市场上。这也算是期酒交易的一部分，而且极不容易把握。他们先出售一小部分，看看市场反应，然后再按不同级别把价格拉开。

劳顿认为并不存在囤积居奇的投机行为：“物以稀为贵，只有在数量少的情况下，酒的价值才会提升，因此庄园没有必要大量囤积葡萄酒。作为经纪人，我们处事十分小心谨慎，越来越高的价格让我们很担心，价格越高，大家就越舍不得随意打开酒瓶去消费。不断上涨的价格总有一天会降下来，一棵大树总不会一直长到天上去吧。”

尽管如此，在现代分析师看来，鉴于葡萄酒价格会影响到庄园不动产的价值，因此将葡萄酒维持在高价位上正是目前市场营销的战略，即使人为地制造出葡萄酒供不应求的局面也在所不惜。

市场基调由谁去定呢？

在一级庄公布价格之前的 24 至 48 小时内，有关这个价格水平的传言便开始在酒商圈里散布开来。在波尔多的这个小圈子里，有人总说认识什么什么人，而这人又认识庄园里的什么人，一般来说，酒商与酒商之间的关系都很融洽。当然如果有更明显的事件，也有可能影响传说中的价格走向，比如在价格公布前几天，有样酒流入某人的办公室。再不然就和筛选机制有关，各个酒牌的名字先后出炉。大部分庄园会依照严格的行规去公布价格：先公布副牌酒的价格，几天之后再公布正牌酒的价格，而在这家庄园附近的其他庄园则把各种酒的价格捆绑在一起公布。有一位酒商私下里说，当他看见楼上办公室的经纪人一大清早 7 点半就把雷克萨斯车泊

左页上：玛歌庄园的样酒。
左页下：在木桐－罗斯柴尔德庄园品酒的品酒师。

在车位上，他就知道一家一级庄准备发布新酒了。开市价格通过电话或邮件传递，但只是由经纪人传达给酒商，与此同时经纪人还会把下列信息通报给酒商：庄园的销售总量，给酒商的特许价格以及配给数量。酒商大概只有一个小时的时间来决定是否接受配给价格和数量。如果不接受这个价格，他要通知经纪人，从此以后他就没有机会再拿到同一家庄园的配给了，不过这也让他免受库存的困扰，因为有的酒并不好卖。不管是哪一家庄园，这样的事都会偶尔出现。即使在当前的金融危机之前，在 20 世纪 70 年代石油危机或二战刚刚结束那几年，也都出现过酒卖不出去的局面。那时候，没有人想囤积居奇，去做投机生意，而且五家一级庄也和所有庄园一样，苦于市场没有销路。

在正常情况下，各种牌都掌握在经纪人手里，他可以在几家酒商中作出选择，而酒商每年都希望得到更多的配给。虽然每年的配给量并未记录在册，但酒商通常都希望能得到和上一年持平的配给量。一级庄很少会动真格的，终止和某一酒商的合约，不再向他销售葡萄酒，因为作出这样的决定必然会引起轩然大波。在波尔多有一家名叫马格南的葡萄酒专卖店，自1997 年以来，这家葡萄酒批发商能从拉图庄拿到30箱葡萄酒配给，但在2005年，拉图庄决意不再向这家专卖店供货，专卖店将拉图庄告上法庭，从而将庄园与酒商交易体系的内幕不无遗憾地暴露在公众面前。专卖店辩称拉图庄的决定让他们蒙受巨大损失，要求拉图庄赔偿 13 万欧元。

2009 年 4 月 30 日，波尔多上诉法院作出终审判决，判定专卖店胜诉，不过这却是一个苦涩的胜诉，拉图庄只赔偿360 瓶 2003 年份葡萄酒销售利润的损失，即 2520 欧元，这点钱连支付诉讼费都不够，况且专卖店还丧失了拉图庄的信任，以后就再也别想从拉图庄拿到配给了。实际上，倒是庄园获得了决定性的胜利，让它的市场优势变得更加牢固。

期酒的历史

不管是红火的业务活动，还是成功的营销模式，所有这一切都让人以为期酒交易已经持续了几百年，而且会像 1855 年列级那样经久不衰。不过期酒在装瓶之前都是先整桶地卖，这种传统已有好几百年的历史了，这是不争的事实，直到 20 世

纪 70 年代，当下这种期酒交易的做法才为消费者们所接受，直到 80 年代才真正流行起来。

在 18 世纪，劳顿在登记簿上注明庄园名称的同时，并未标注葡萄酒的年份，不过他把年份标在那页纸的最上面，也就是说，所有登记在那页纸上的销售记录应该是同一年份的葡萄酒。所有的特例都标上“老酒”的标记。在 19 世纪，当葡萄采摘季节结束之后，在随后的几个月里，葡萄酒都装在酒桶里运往国外，品酒、评估、装瓶都在国外进行，然后直接卖给消费者。从 18 世纪 70 年代开始，直到 19 世纪末，劳顿的登记簿上记录了一桶接一桶的一级庄葡萄酒销往荷兰、德国和英国。到了 20 世纪 20 年代，自从在酒庄内开始装瓶起，庄园的首要目标就是在最短的时间内将当年酿造的酒全部卖出去。

到了 20 世纪中叶，虽然已有客户直接前来波尔多洽谈生意，但他们也不能每次都品尝到尚在木桶里酿造的葡萄酒，即使要品尝的话，也要等陈酿很长时间以后，或者等到次年更晚的时候。他们只是知道哪些酒能顺利地销售出去，把订单下给庄

园之后，就等着发货了。直到 20 世纪 70 年代中期，葡萄酒只是在装瓶之后才卖给最终客户，不过也有在装瓶前卖给客户的特例。

真正的期酒交易活动始于 20 世纪 70 年代，那时候，北美的一位知名人士赚了一些钱，开始大量购买波尔多葡萄酒。其实一级庄对此也发挥出一定的作用。从 1972 年开始，在酒庄内装瓶已成为所有列级酒庄的一种必备手段，早在 50 年前，一级庄以及五庄俱乐部就为此做过大量的工作。与这种举措相呼应的营销战略又让公众萌发一种欲望，他们想提前将珍贵的年份酒划到自己名下。各庄园主之所以愿意承担在酒庄里装瓶的费用，是因为他们突然意识到，应该让客户自己去藏酿葡萄酒，这对他们颇有好处。像以往一样，在波尔多地区，始终由一级庄来制定游戏规则，而整个系统便紧随其后，依照规则行事。因此有人猜测拉图庄的最新决定有可能引发更多的庄园放弃期酒交易。不过大部分庄园对此表示怀疑。

菲利普 · 卡斯特雅是波尔多地区经验最丰富的酒商之一，他的家族从 19 世纪起就一直做葡萄酒生意，随着这个市场的发展，家族的生意也越做越大。他说：“不管价格如何波动，期酒交易仍是一种非常可靠的评估市场的手段，年复一年，经久不衰。我从未见过任何一个葡萄酒产区能做得如此简洁明了。”

期酒交易或许还有其他吸引人的理由：“这种采购方式确实非常刺激，而大部人却低估了它给人带来的感受。”雷戈里 · 迪耶布说道，他的香港皇冠酒窖每年都购入许多期酒。“这种冒险的感觉也很重要。我们对每一次期酒交易都很上心，在等待宣布价格的时候，我们的心一直悬着，不过我们渐渐也忘记了，所有这一切不过是过眼烟云，波尔多人才是这舞台上的大师。”

页 268 ~ 269：保罗 · 蓬塔列（玛歌庄园）。

VIVRE EN PREMIER CRU

9

一级酒庄的生活

价格一旦公布之后，外界所有人都忙着分析价格，试图理解其中所包含的内容，而庄园的生活又恢复到正常状态。

“干我们这行，是没法说正常状态的。”戴尔马高兴地说道。他在侯伯王庄任总经理将近 10 年了，他父亲任总经理时的业务活动和现在的有很大差别，因此他对葡萄酒行业的变化了如指掌。过去让-贝尔纳·戴尔马每隔半年才出去拜访客户，现在让-菲利普每年有 20 周在外旅行，开拓海外市场。过去很少有客户前来庄园走访，如今客户、记者、买家、酒商以及旅游者一拨接一拨地涌向庄园。与此同时，总经理更侧重于营销，因此每天在采取各种决策时都会面临很大的压力，这些决策既涉及正牌和副牌葡萄酒的品质，又涉及投资、改造、维护整座庄园的日程安排。比如，去年除了对城堡进行修缮之外，还建造了一座新办公楼，内设品酒大厅以及珍藏稀有图书的图书馆，这些图书颂扬了美食及美酒的历史文化。侯伯王庄园是五座一级庄里面积最小的，它只有 51 公顷葡萄园，而拉菲庄有 103 公顷，木桐庄有 84 公顷，侯伯王庄差不多只有其他庄园的一半大。作为克拉伦斯·狄伦庄园的一部分，侯伯王在佩萨克-雷奥良地区还有两座葡萄园，并出产一款名为“克兰朵”的品牌葡萄酒。2011 年 7 月，侯伯王庄宣布在圣埃美隆地区又收购一家庄园：昆图斯城堡。

在侯伯王庄，戴尔马领导一支由 70 人组成的团队，这 70 人都是固定工，他同时管理侯伯王庄以及位于马路另一侧的美讯庄。在过去几百年当中，要是遇上下雨天，马路都很难走，即使是几公里的路，也要花上好几个小时才能赶过去，各家一级庄就是一个小村庄，将从事各种职业的人维系在一起：其中有厨师、用人、保洁员、马厩管理员、铁匠、酿酒师……如今，整个团队里没有人住在庄园里，只有两个

右页：夏尔·舍瓦利耶（拉菲-罗斯柴尔德庄园）。

门卫看护庄园，他们分担了戴尔马的一部分工作。不过，同时管理两座庄园还是很复杂的，因为两座庄园都是既出产红葡萄酒，也出产白葡萄酒，而其他一级庄基本上只出产红葡萄酒，木桐庄和玛歌庄的特级白葡萄酒产量很小。

世界级帝国

在五家一级庄当中，木桐庄和拉菲庄的职员人数最多，这两座庄园分别隶属于葡萄产业帝国菲利普·德·罗斯柴尔德男爵庄园（DBPR）和罗斯柴尔德男爵庄园（DBR）。在木桐庄，埃尔韦·贝朗和总经理菲利普·达吕安以及技术总监埃里克·图尔比耶一起并肩管理庄园。在贝朗于 2012 年退休之后，埃尔韦·古安接替他的职位。管理层下设一个监督委员会，由庄园主菲丽宾·德·罗斯柴尔德女男爵直接领导。整个帝国在全球有600名雇员，分别在加利福尼亚、智利和朗格多克庄园工作，当然还包括在波尔多庄园以及在巴黎销售部里工作的员工。

但是在波亚克，所有的一切都非常人性化。贝朗、达吕安和图尔比耶负责管理木桐-罗斯柴尔德庄园以及在本地区的其他庄园，包括达玛雅克庄和克拉米伦庄。木桐庄葡萄园那葱郁茂盛的美景，一条条覆盖着白色沙砾的通道，还有金光闪闪的雕塑，这一切都让人忽略了这样一个事实：让它成为举世闻名庄园的，正是它那特殊的风土条件，而非建在那块土地上的建筑物。在菲利普·德·罗斯柴尔德男爵庄园出产的品牌葡萄酒里最负盛名的当属“木桐嘉棣”。庄园附近还有一个庞大的研发与生产中心，因此庄园在波尔多地区聘用了 300 多位员工，不过这些机构只是在后台做着默默无闻的工作，大都不被人所熟知罢了。

和木桐庄一样，拉菲庄的业务量非常庞大，也需要有一个管理委员会来管理，管委会由几个关键人物组成：总经理夏尔·舍瓦利耶，负责葡萄园和葡萄种植技术（因此他去伦敦的时候，很少穿西装系领带，经常身穿条绒衣服，还会常听见他

左页：克里斯托弗·萨林（拉菲-罗斯柴尔德庄园）。
页 276 ~ 277：侯伯王庄园的小酒窖。

1975

说："我非常高兴不参与制定任何商业策略。"）；总经理克里斯托弗·萨林，人称"拉菲的农民绅士"，他常年在集团驻巴黎的机构里工作。他过去曾是职业橄榄球队的运动员，如今要去管理一整个帝国：有位于波亚克的拉菲庄和都夏美隆庄、位于波美侯的乐王吉庄以及位于索泰尔纳的拉菲丽丝庄，还有在朗格多克地区的庄园，在智利和阿根廷的庄园，以及最近在中国建立的庄园。舍瓦利耶很少出差，他在波亚克领导一个 115 人的团队，他们分别在葡萄园、酒窖、花园、制桶工场里工作。他们穿的工作服也分成不同颜色：花园的园艺工穿绿色工装，酒窖酿酒师穿深红色工装，葡萄园工人则穿蓝色工作服。从 1995 年起，城堡也招来一个全职负责人，他名叫布吕诺·博夫。罗斯柴尔德男爵庄园聘用了 30 名员工做市场营销和销售工作。舍瓦利耶从 1983 年起就在拉菲庄工作，他说话时语气柔和，眼睛炯炯有神，脸上总带着微笑，他知道究竟是什么在推动庄园发展："拉菲庄自 1868 年起就一直属于同一家族，因此它有一股凝聚力，也让家族精神得以很好地传承。埃里克男爵已明确表示他只想要一款供人享用的葡萄酒，因此我们也就不再过度地去研究葡萄酒中的香气作用。在这里，传统始终占主导地位。新技术只是拿来为经时间检验已成熟的东西服务。"

然而在最近 10 年当中，某些传统已经做到与时俱进了。五家一级庄的总经理坦率地承认不断上涨的价格已经改变了游戏规则，其中有利也有弊。

"现在市场变得越来越苛刻。"戴尔马说道，"客户希望在各个层面上都得到良好的服务，他们的要求也是合理的。单单只有美酒佳酿还是远远不够的，所有与葡萄酒相关的东西都应该是最好的，比如庄园里的晚宴，地面上的建筑物，葡萄酒的包装，都是微小的细节。"这并不让人感到震惊，在这种环境下，并非只有侯伯王庄在做提升改进工程。

2011 年 9 月，拉菲庄新建的酒窖和葡萄采摘榨汁场开始投入使用。玛歌庄准备将白葡萄酒发酵罐迁到主建筑物里，然后再建一座放置木酒桶的地下新酒

右页：让-菲利普·戴尔马和卢森堡大公国的罗伯特王子在一起。
页 280 ~ 281：拉图庄园。

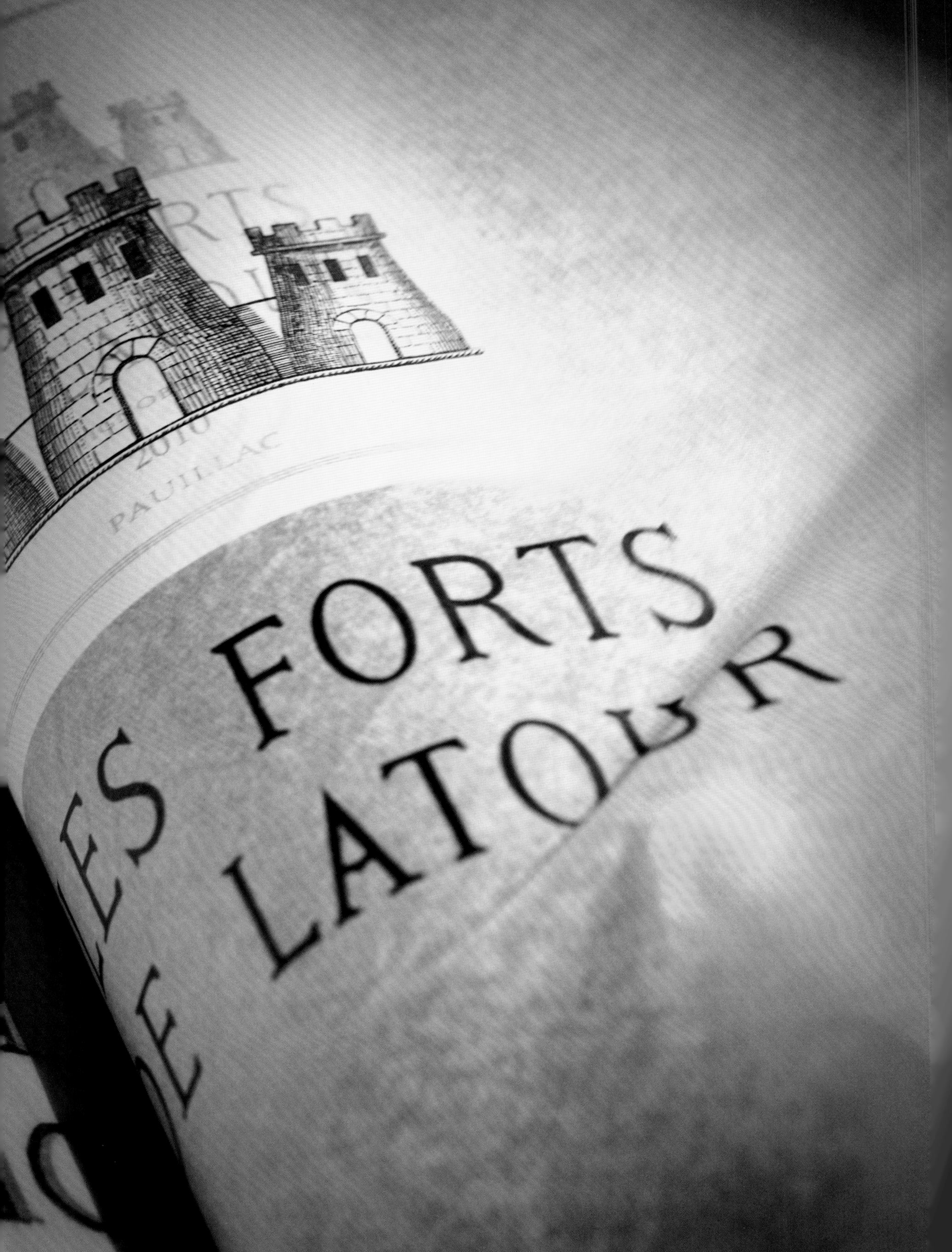
2010
PAUILLAC
LES FORTS
DE LATOUR

窖，地下酒窖的设计工作交给英国建筑师诺曼·福斯特。木桐庄也开始掀起一个巨大的改造工程，工程的重点就是改造那座博物馆，以此向庄园悠久的传统表示敬意：他们对菲利普·德·罗斯柴尔德男爵留下的艺术遗产感到非常自豪，菲利普男爵是20世纪里最著名的庄园主人，木桐庄园将在新博物馆里展出所有艺术品的原件——男爵当年为美化他的葡萄酒，特意定制了许多艺术品。

1962年，菲利普男爵在木桐庄里创立了博物馆和艺术画廊，因为他一直非常喜爱艺术，由此他养成一个习惯，每年都向一位著名艺术家定制一款新酒标，其中有巴勃罗·毕加索，也有凯斯·哈林。如今菲丽宾女男爵又把这项工作承担起来。“木桐庄过去一直和菲利普男爵密切地联系在一起，如今庄园又是和菲丽宾女男爵分不开的。”菲利普·达吕安说道，“他们所创立的这种文化，这种将葡萄酒与文化、艺术交融在一起的努力赋予我们今天所做的工作一种特殊的境界。木桐庄的这种艺术本质就融化在葡萄酒的DNA里。”

在所有的一级庄里，改造也同样涉及酒瓶的外形。在侯伯王庄，他们不再用3升和6升玻璃瓶，统一改为采用75厘升和1.5升的大瓶。从2009年起，庄园所有的葡萄酒都用侯伯王庄典型形状的玻璃瓶灌装，这款酒瓶的形状与18世纪米契尔在沙尔特龙玻璃厂制作的玻璃瓶相似，是克拉伦斯·狄伦于1960年设计的，第一批使用这款瓶形的是1958年份的葡萄酒。

“由于这款酒瓶的形状与市场上常见的不一样，而且需求量又不大，当初很难认可这套专用模具的价格。”戴尔马坦率地解释道，“不过，这事就算过去了。如今最重要的还是质量和反应速度。大酒瓶对于长时间陈酿还是有好处的，而且容易辨别，对打击仿冒假酒也有好处。”

这和雷戈里·迪耶布的想法不谋而合：“如果你要人花上1000欧元买一瓶葡萄酒，那问题也就来了。”说到这儿，他的语气变得十分自信，好像他已找到解决这个问题的答案，而且他的生意也是在这答案的基础之上打造的。“首先，客户对酒瓶的质量要求变得更加苛刻，对酒瓶里内容物的要求也变得更加挑剔；其次，有人准备靠非法手段弄到这样一瓶酒，或者去仿冒这款酒，然后再转手卖掉，这样的人会越来越多。”

最新公布的期酒价目表再次凸显了这个问题。像以往一样，当一级庄面临新问题时，一种新的工业手段也会应运而生，去解决这个问题。

“我们关注这个问题已经有好多年了。”木桐庄的埃尔韦·贝朗说道，“几种不同的手段我们都尝试过，比如将全息图加在酒标上，或者在酒瓶上做雕花，这些都是最简单的手段。对于久远年份的葡萄酒，要做防伪则显得更加困难，这时候充分信任葡萄酒分销商就显得格外重要。这是一个极为严重的问题，我们一定尽全力去解决。但是，你不妨看看奢侈品行业：不管是爱马仕手包，还是劳力士手表，大家都碰到同样的问题。”

尽管如此，要考虑的事情并不仅仅局限于怎么样去控制，怎么样去追踪，而是要更细心地关注微小的细节。拉图庄的每一瓶酒都用白丝纸包裹起来，庄园聘用两位女工，全天做这种手工包装活儿。“这种工作肯定不能用机器做。”拉图庄营销总监让·加朗多说道，“我们希望每一个客户在打开箱子看到这包装时都会非常开心，只有手工作业才能做出这样的包装。”

追求完美的焙烤

说到完美的程度，很少有哪些细微之处能见证完美，然而一级庄在酿造葡萄酒过程中对橡木的使用堪称完美的典范。为了能理解这一点，就必须到制作橡木酒桶的工场去看看。

刚刚刨下的橡木刨花散发着好闻的香甜气味，人们瞬间就会明白为什么橡木酒桶一直是名酒生产商所追求的酿酒容器。这种香气所带来的享受让木桶制作工场成为侯伯王庄最迷人的地方。秋日的阳光透过窗户轻轻地洒进工场，空气中弥漫着一股芬芳的香草气味和焦香的味道。制桶工人吕克·尼古拉用轻松娴熟的手法，细心地做着手头的工作，他要把橡木桶上的一块桶板换掉，侯伯王庄将在 2011 年葡萄采摘季节时使用这些橡木桶。橡木桶由 27 块木桶板组装而成，外面箍着金属箍，他先把桶箍卸下来，然后小心翼翼地取下其中的一块桶板。他用一根撬棍将新板插进去，再用锤子把桶板安装到位。接着，他放下钳子和锤子，又拿起斧头将这块桶板的端面削得和其他桶板一样平。接着，他要在桶板下端挖出一条凹槽，好把端板

左页：玛歌庄园的制桶工场。
下图：侯伯王庄园的制桶工人。
页 286 ~ 287：拉菲-罗斯柴尔德庄园的制桶工场。

镶嵌进去，木桶端板是用 8 块橡木板做成的（橡木板就是制作桶板的原材料，小块的橡木板用来做端板）。不到 10 分钟，吕克就把桶板换好了，这工作看上去很容易，其实它是一门要求精准的手艺，起码得学 7 年，才能获准从事这门职业。

自 2004 年起，吕克 · 尼古拉进入侯伯王庄，全天制作橡木桶。他从 18 岁开始学习橡木桶制作手艺，在位于科尼亚克地区的桑索木桶工场工作。20 年前，他进入塞甘-莫罗木桶工场。从那时起，他就成为橡木桶工匠，对制作木桶的各个环节都很在行，每年从 4 月到 11 月，每天要做 5 只橡木桶，相当于侯伯王庄一年三分之二的需求量。像以往一样，只要是和葡萄酒有关，就必然格外注意细节，即便是偶然失误也不允许出现，这正是一级庄不同于其他庄园之处。在这个小工场之外，葡萄酒可以受时尚、经济及政治等风险的摆布，但在这里，人们却一直在一只接一只地制作木桶，缓慢、细心地去做，就像传统的做法那样。制作木桶的工艺可以追溯到古高卢时代。在波尔多，木桶制作出现在高卢-古罗马时期，那时候最早的葡萄园已形成规模。在全世界，只有 5% 的葡萄酒是放在橡木桶里陈酿的（许多人更喜欢用橡木刨花、板条或锯末），但橡木桶是高档葡萄酒酿造业必不可少的容器，因为橡木桶不但能让葡萄酒与外界保持细微的空气交换，进而让葡萄酒变得更柔和，还能增强葡萄酒的结构，固着葡萄酒的颜

色和单宁，并把各种细微的芳香气味赋予葡萄酒，其中有烤榛子味、甘草味等。

在五家一级庄中，三家有自己的橡木桶制作工场（在整个波尔多地区的 8000 家庄园里，只有 4 家有自己的橡木桶制作工场）。用橡木桶陈酿名酒的重要性不言而喻，而制作橡木桶又是一门需要精雕细琢的技艺，两者结合在一起真是相得益彰，因此赢得人们的尊重也在情理之中。最大的橡木桶制作工场是拉菲庄的工场，五名制桶工人全天工作，每年可制作 2000 只木桶，可以满足拉菲在波亚克地区三家庄园的需求。制作工艺的每一道工序都由工场自己负责，包括木材劈切、桶板干燥等，这一工序要用两年的时间，让木材经受风吹日晒，经历各种气候条件的考验，将树木内的水分都排解出去。在玛歌庄，桶板都要烘干，或者确切地说都要经过老熟处理，这是制桶工匠的行话，桶板的老熟工序是在工场之外很远的地方进行，然后在工场里由一个名叫阿兰·尼讷的工匠切割、组装，尼讷已是玛歌庄的第三代工匠了，他每年能制作 500 至 600 只橡木桶。与此同时，庄园也向其他橡木桶工场订购酒桶，以弥补需求量的缺口（当年保罗·蓬塔列在酿酒工艺学院做博士论文时，他的研究课题就是红葡萄酒在橡木桶里的陈酿过程，说明他一直十分偏爱橡木桶）。至于说拉图庄，它的名酒百分之百全用新木桶陈酿，庄园和 12 家橡木桶制作工场合作，这些工场会选用阿烈及涅夫勒地区最好的橡木，而庄园则认真检查木桶制作过程的每一道工序。

侯伯王庄则和塞甘-莫罗木桶工场联手合作，自 1990 年起，塞甘-莫罗在庄园里设立了一间小工场，就设在城堡大庭院的尽头处，过去这个大庭院被人称作“工匠之院”，因为所有和庄园正常运转密切相关的行当都在这院子里开设了工场。这间木桶工场分成两个工段，一个是组装工段，另一个是焙烤工段。在焙烤工段，所有的木桶都翻过来，在橡木刨花火上焙烤。这道工序必不可少，它可以让桶板变软，并弯成微弧形，而且还要微微地焙烤酒桶的内壁，从而增加葡萄酒的香气。

焙烤工作通常都在上午进行，因为上午的气候条件最合适。上午的天气还算凉爽，火一烧起来，温度要高达 200 度。在陈酿过程中，丰富的香气之所以能传给葡萄酒，和橡木桶焙烤的时间长短有关系，凭借特殊的焙烤手段，侯伯王庄将最能代表其特性的要素赋予葡萄酒。然而，吕克·尼

古拉并不使用定时器来控制焙烤时间。他完全凭眼睛去观察，用鼻子去闻，靠的就是自己丰富的经验。他指着自己的脑袋，微微一笑说：“我的钟表就在这里面。”

在侯伯王庄，他们只使用橡木的心材，即选用无梗花栎树质量最好的那部分，只取栎树高约 1 米到 10 米、靠近树心的那段木材用，这段木材正好是枝杈下面那部分。这段木材纤维组织细密，而且表面很少有结节。由于无梗花栎树也是制作家具的优良木材，因此购买时竞价会非常激烈。实际上，为了避免过度开发橡木资源，林业部门每隔 9 年才会允许公开拍卖一片橡树林。同时为了让木材少含水分，拍卖通常都安排在 10 月至 12 月之间进行。那时候，制桶行业的代表与其他使用橡木的行业代表展开竞价。最好的橡木产自气候寒冷的地区，如中央高原、勃艮第、孚日以及巴黎周边地区，因为缓慢的生长期可以让树木的纤维组织更细密，这也是能让细微的香气传给葡萄酒的最理想的条件。

为侯伯王庄制作木桶而砍伐的橡树平均树龄为 150 年至 200 年。这些橡树可以生长 1000 年。砍掉一棵古橡树，做出三只酒桶并不是一件微不足道的事。这样的平均树龄意味着那棵做成桶板以修补木桶的橡树是在 19 世纪初种下的，那时候，庄园还掌握在塔列朗手里，而再往前追溯 10 年，前庄园主菲梅尔伯爵刚被砍掉脑袋。

只有在一级庄里，人们才能更好地理解历史的尺度，橡木酒桶的重要性不亚于葡萄。侯伯王庄自己的酿酒工艺师让-菲利普·马斯克雷坦诚地说：“在酿造葡萄酒的过程中，最关键的是要了解木材的原始地、木材单宁的品质，还要了解每一年份的特性。”要了解这些东西，酿酒工艺师就必须和木桶工匠密切合作。“这里没有什么规则可言，完全要看年份。”侯伯王庄从不让葡萄酒在 100% 新橡木桶里陈酿，而是更愿意将新木桶限制在 70% 或 80% 的水平上。但是不管每一年份的自然条件如何，庄园的风格要保持相对稳定，因此每年他们都对大多数酒桶实施相同的焙烤，只对三分之一的酒桶改变焙烤方式。比如在 2011 年，他们稍微加大焙烤的程度，以中和梅洛葡萄的香气，因为梅洛葡萄酸度大，而且单宁强劲。

“唯一的秘诀就是善于应对。经验可以告诉我们哪些因素对葡萄酒更合适，不过，我们随时准备偏离自己的轨道，但会用更细腻的手法达到我们预期的目的。我们将一如既往，展现出灵活应变的能力。”

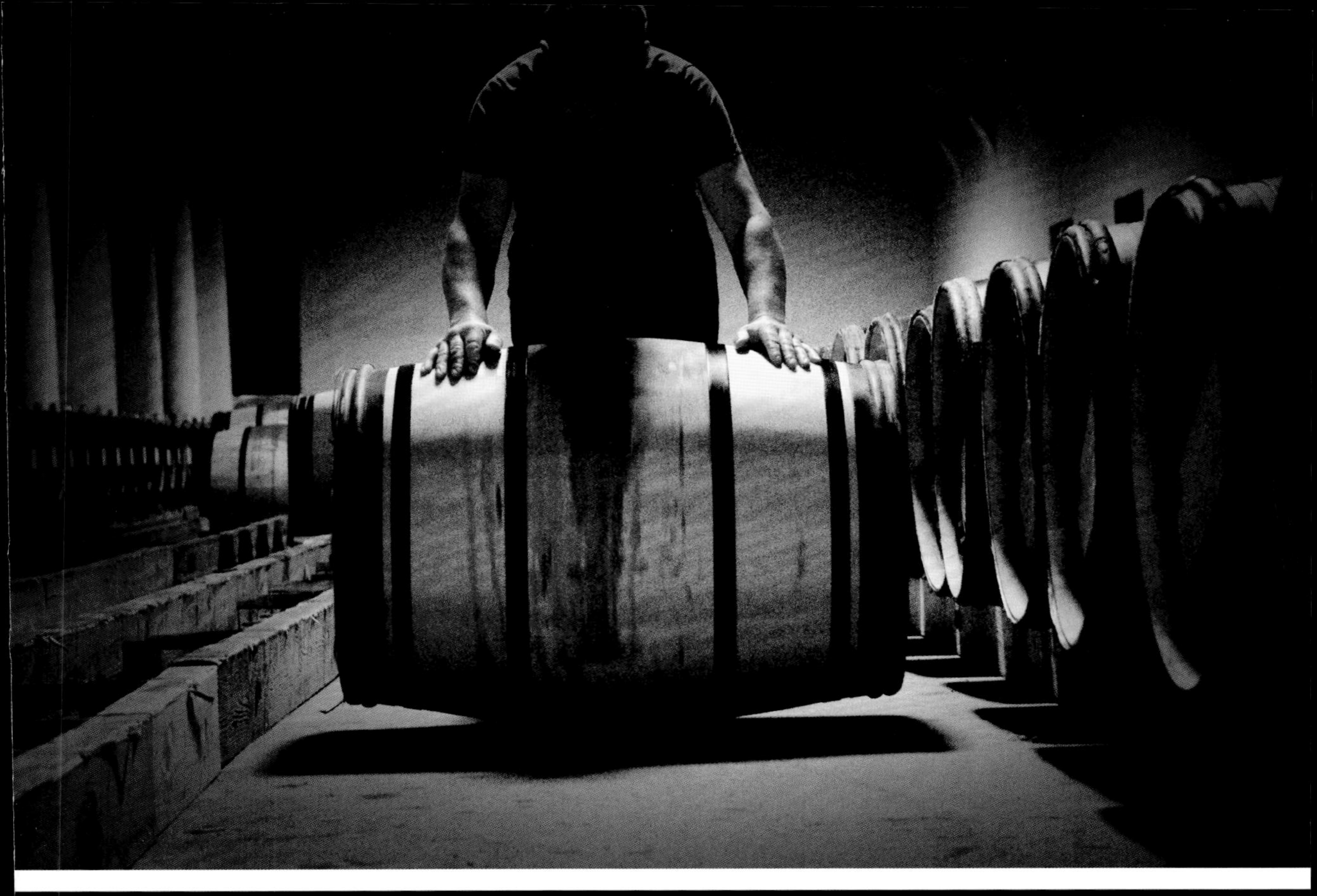

HATEAU MARGA
GRAND VI

REGARDER EN AVANT 10

展望未来

D'Hergiswiler Spor

uf Lafite

Lüpfiger Walzer

Aloi

10

-展望未来-

随着葡萄园里满目翠绿的葡萄架逐渐挂满汁多饱满的红葡萄，人们便开始想着去采摘葡萄了。在经过一个极不稳定的季节之后，埃里克·布瓦瑟诺已把日程安排得满满的。从早上7点钟开始，他就待在实验室里，往往要一直忙到晚上10点。在这一天当中，客户一个接一个地把葡萄和葡萄汁取样留下来，等着他就葡萄的酸度和PH值给出评价，当然也想听听他建议哪一天开始采摘葡萄。当所有的分析结束之后，他便跳上自己那辆越野车，去走访各个庄园，再到酒窖里去看看，还要去品酒，作出评估，然后再反复检测，让客户放心。无论走到哪里，大家都像款待老朋友那样接待他。朋友相聚免不了要觥筹交错，不过他知道自己的日程安排得很满，因此在每家庄园里落座不会超过半个小时。

左页：为拉菲-罗斯柴尔德庄园谱写的乐曲总谱。

在一年当中的那个季节里，梅多克地区一下子变得繁忙起来，通往各庄园的马路有时也会堵车。要是路上再遇到大型农业机械，本来一个小时的车程，有时用两个小时也不一定能到达目的地，好在布瓦瑟诺是本地人，对条条小路近道了如指掌，猛然将越野车开向坑坑洼洼的土路，那里满是荷兰人在17世纪开挖的排水系统留下的遗迹。

布瓦瑟诺说："这个星期就是秋分了，大海潮把这天气弄得极不正常。"说到这儿，他朝后视镜瞥了一眼，然后超过一辆拖拉机。"不管怎么说，从7月中到现在，天气一直在变。"要是碰上不好的年份，大部分庄园都会借助于遥感卫星图像，去观察每块葡萄园的成熟状况，采用卫星图像还是很有用的，因为和正常年份相比，糟糕的天气会让每块葡萄园的成熟期变得极不稳定。对于大多数庄园来说，最大的问题是如何在确保葡萄最佳成熟期的同时，又能避免葡萄腐烂。

在波亚克和圣朱利安地区走访了三座庄园之后，布瓦瑟诺开车朝玛歌庄园

驶去，保罗·蓬塔列已经开始工作了。葡萄采摘后的接收区域也做了调整，像往年一样，把铺着地砖的大院子临时改成葡萄接收场，在期酒交易期间，宾客们就是在这个大院子里边品酒，边聊天。地砖上面先铺一层沙子做保护层，然后再覆盖一层水泥砂浆，接着再摆上一组机器和震动台，用来给葡萄称重并筛选葡萄，要把葡萄叶和葡萄梗都筛出去。在那个品酒大厅里，他们用隔板临时开辟出一个房间，用来做控制室：无论是按地块安排的榨汁进度，还是酿酒罐的温度，都靠电脑来控制。

虽然玛歌庄的葡萄种植面积有 92 公顷之多，但在五家一级庄里，它的机构却是最小的，只有固定工 85 人，其中 20 人住在庄园里。30 名员工在葡萄园里工作，12 名员工在酒窖工作，还有 3 个园艺工，当然还有办公人员、研发专员以及前台接待小姐。庄园还在巴黎设立了销售部和市场营销部。即使今年的葡萄采摘季节看似困难重重，但也不能放松对庄园的管理，此外还要监管 250 名临时雇来的葡萄采摘工人。

左页：《醉酒颂歌》（1798 年），萨朗格雷著。
下图：20 世纪初木桐－罗斯柴尔德庄园葡萄采摘季节的一个场景。

不过面对这种局面，保罗·蓬塔列依然管理有方，掌管整个庄园游刃有余。他个子很高，总是衣着得体，风度翩翩，这位地地道道的波尔多人曾在圣玛利亚学校接受教育（圣玛利亚学校是波尔多最典雅的私立学院），后毕业于巴黎政治学院。他父亲过去也在当地酿造葡萄酒，在一家不太出名的小庄园里工作，这家庄园不在他们村子里。在拿到酿酒工艺学博士学位之后，保罗就直接进入玛歌庄，2011 年是他为庄园服务的第 29 个年头。

保罗·蓬塔列回忆说："我刚来庄园的时候，年轻气盛，什么都不怕，根本没想到我肩负的责任有这么大。不过，我常常虚心求教，向身边的同事们征求意见，听听他们的想法。在我刚上任的最初几年里，前任总经理菲利普·巴雷一直在帮助我。对于我来说，他就是庄园活的记忆。30 年过后，我也成为整个团队活的记忆。"

这个记忆在 2011 年的采摘季节显得尤为有益。"葡萄采摘季节里有一种精神层面的东西，我非常欣赏。从多重角度看，这是沉思和保持冷静的最理想的时刻，虽然你身边到处都是嘈杂忙乱的景象。就在要对葡萄采摘的时间作出决定的时候，想一想葡萄也和我们人一样还真是有意思：成熟会在某一阶段内帮助我们，然而一旦越过那个阶段，成熟会让我们失去很多东西，甚至比我们得到的还要多。"

6 月底的时候，天气一下子变得特别热，温度竟然高达 40 度，这让长势不好

的葡萄再次遭受打击，强烈的阳光将某些地块上的葡萄都烤焦了。现在有人尝试在葡萄处于生长期时将一串串葡萄周边的叶子都摘掉，好让葡萄尽早接受日照，让它的成熟状态达到最佳化，不过幸好玛歌庄并未作这样的尝试。“一想到这一串串葡萄在阳光下暴晒就让我浑身不舒服。”蓬塔列说道，“既然我们人在海滩上暴晒不是什么好事，那让葡萄去暴晒也就不会更好吧。不过，由于有些葡萄会遭受高温热灼，我们就采取相应的对策，将这些葡萄单独采摘，单独酿造，看看高温究竟会造成什么后果。”

整个葡萄采摘季节的挑战就在于，即便在这忙得不可开交的时刻，也还要根据实际情况不断调整自己的决策。人们感觉整个一年全都浓缩于这几周当中，所有的一切都受种种因素的摆布。不管庄园采取什么对策去控制他们周围的环境，葡萄酒就是大自然赋予人类的一种产物。每个人对此都有清醒的认识，因此在面对这个现实时，他们始终都很谦卑，而且肩并肩一起奋战。埃里克·布瓦瑟诺往往也会接受客户的邀请，和他们一起吃午饭。他和酿酒工人围坐在一起，和他们一起分享既简单又营养丰富的午餐：有冒着热气的浓汤，有大盘火腿肉，有各种各样的奶酪，还有本地出产的各种熟食，比如“梅多克谷仓”，一种胡椒味很浓的猪肉香肠。

这同样也是老友重逢的日子。到了 8 月份，所有一级庄的城堡都不向旅游者开放，因为庄园员工都在放暑假，而庄园主人往往又要到城堡来休假。在波亚克，罗斯柴尔德家族的两个支系中一族人来到木桐庄，另一族人来到拉菲庄。如今，两家人有时也会聚在一起吃晚饭，孩子们则在一起玩耍，这要是在过去是不可想象的事。到了 9 月份，庄园的员工们返回各自的岗位，一队接一队的葡萄采摘工人也纷纷来到各个庄园。有些葡萄采摘工人连续几十年每年都来采摘葡萄。布瓦瑟诺也是每年都来：他从 15 岁起就和父亲一起在自家的庄园里做葡萄酒，他家的庄园名叫维米尔，在上梅多克地区，不过当父亲出门远足时，他也跟着父亲一起去。在葡萄采摘季节里，到处都洋溢着节日的气氛。

右页：弗雷德里克·昂热雷（拉图庄园）。
页 302 ~ 303：在拉图庄园葡萄园里耕作的一匹马。

Pauillac

生态之路

在拉图庄，50% 的葡萄园采用生物有机法或生物动力法种植。自从 2008 年以来，他们再次把马牵回到葡萄园里，协助人们耕作，就像 15 世纪的农耕方式一样，先从昂科洛地块开始实验。有人认为和拖拉机相比，马蹄子对葡萄园的损坏要小很多，况且牲畜几乎不会留下任何碳排放痕迹。他们采取许多天然的方法来保护葡萄园，比如搭建昆虫旅店、采用昆虫性诱剂等，与此同时，为保护土壤，他们绝不使用除草剂。他们将依照阴历的周期，先分批安排对各葡萄园实施生物动力法，然后再逐渐扩大到拉图庄所有的葡萄园，让庄园里 75 万株葡萄树都能受益。

2011 年，几乎和往年一样，他们先采摘梅洛葡萄，因为从工艺上看，梅洛葡萄已认定成熟了。在葡萄采摘季节的最初几周里，53 名葡萄采摘工人分成两组，先到梅洛葡萄园里去采摘，然后再与 200 名采摘工人会合在一起，去采摘赤霞珠。“拉图庄雇来的采摘工人都是职业能手，我们已经雇用他们很多年了。”戈德弗鲁瓦解释道，“他们先把葡萄树最上面的葡萄摘下来，等到酿酒桶装满之后，他们再返回去把葡萄树上挂的剩余葡萄摘下来。”

这里容不得半点随意。昂热雷有三个女儿，在罗讷河谷也有一座自己的小庄园，名叫博诺要塞，而且还负责管理皮诺在勃艮第及卢瓦尔河谷地区的庄园。但不管怎么说，拉图庄还是他的最爱。他说：“人们很难轻易放弃这个职业。我在这里工作得越久，就越感觉有太多的事情要做。葡萄酒是我的挚爱，而且我对自己的精英观念并不感到羞愧。”

如今，拉图庄共有 60 名员工，其中 38 名固定职工常年在葡萄园里工作，自从昂热雷接手管理庄园以来，拉图庄酿出一款最佳年份的葡萄酒，这已得到业界的广泛认可。2011 年，他完成了对酒窖的改造，安装了 66 只不锈钢温控酿酒罐，酒罐能用自来水冷却，这样就可以对每一块葡萄产地实行单独酿酒。他历来十分关注细节，好像细节对他是一种顽念似的，他甚至开始关注在葡萄园里如何施肥。最近在德里，面对一群葡萄酒爱好者，他这样说道：“我们有一个做复合肥料的车间，工人将 20% 的牛粪掺到复合肥料里，再添入橡木刨花、葡萄梗、葡萄藤枯叶以及清洗酿酒罐的水。把所有这些杂物放入发酵罐里，保持 70℃的恒温放置两年，我们就得到最理想的肥料。我们应当把大地赋予我们的东西再还给大地。”

评估葡萄酒

一旦把榨好的葡萄汁都放进酒窖里，那么最细致的工作就开始了：要去品尝最先入窖的葡萄汁，在渐酿成酒的过程中去评估它的品质。“是的，我们充分意识到自己是五大名庄的一员。所有人都喜欢列级葡萄酒，根据每一款葡萄酒在市场上的成功度，我们每一年都被评为顶级的五家庄园之一，要想忽略这一点是不可能的。”回忆起在一级庄任总经理时所面临的压力，约翰 · 寇拉萨这样说道。他从 1987 年起任拉图庄总经理，在这个职位上做了将近 8 年。当然压力并不仅仅来自葡萄酒，“我们也同样意识到自己就是领导者，是带动整个波尔多地区的火车头。”木桐庄的总经理达吕安对此深有感触：“10 年前，要是葡萄酒瓶盖上有一道划痕，人们也许还会原谅我们。但是在今天，如果遇到同样的划痕，他们绝不会原谅我们。”

然而，没有人抱怨。同时所有人都意识到，在葡萄种植业经历 500 多年的沧桑风雨之后，波尔多的一级庄依然让整个葡萄酒世界羡慕不已。《醇鉴》杂志记者安德鲁 · 杰弗德以独特的视角解释

上图：菲丽宾 · 德 · 罗斯柴尔德女男爵。

了这个现象："这些人生活在全世界风土条件最好的地区之一，他们酿出醇厚的葡萄酒，这些酒可以逐渐陈酿，就像一个人逐渐长大，随着时间的推移，他长得帅气而又富有魅力。而像这样的好酒，他们会毫不吝啬地酿出许多，因此波尔多的名酒庄就相当于加瓦尔油田那丰富的石油蕴藏。"

一级庄似乎不会衰落。放眼全世界，很少有几家庄园能酿出可以藏酿长达 50 多年的葡萄酒，他们为此而感到自豪，而这也正是吸引收藏家的特点。除了每家庄园独特的优点之外，他们所出产的葡萄酒在品质方面可以相互对比，可以一直成为人们品鉴欣赏的话题，从而增加人们对这些葡萄酒的兴趣。

英国记者杰西丝·罗宾逊自 30 年以来一直品鉴一级庄的葡萄酒，她完美地鉴别出每家庄园的特点："玛歌是一款品格审慎、坚毅的葡萄酒，在期酒阶段表现得尤为出色。木桐则是光彩照人，不过或许也是最关注自己形象的。侯伯王是五家名庄里最豪爽的，在我看来它的葡萄酒往往被市场低估了。拉图则把自己的雄心展露得淋漓尽致，透出一种坚定不移的风格。至于说拉菲，它的风土条件当然是最出色的，葡萄酒也表现得极为坚韧，凝聚着夏尔·舍瓦利耶的艰苦努力。"

制定期酒价格

一级名庄之所以始终让人着迷，它那高高在上的价格以及它所吸引的投资也是不容忽视的原因。如果不回顾市场在两年当中的变化，即从 2010 年葡萄采摘季节至 2012 年葡萄采摘季节之间的变化，那么本书也许就是不完整的。近 10 年以来，一级庄葡萄酒的价格似乎呈现出一条无限上涨的曲线，正像富时指数和纳斯达克指数所提供的参考指数那样。在这条价格上涨的曲线当中，人们似乎隐约看到一个关键性的重大事件：拉菲庄的拍卖会，2010 年 10 月，拉菲庄在香港文华东方酒店举行了拍卖会。

这次拍卖活动令人咋舌：拉菲庄拿出

右页：菲利普·达吕安（木桐-罗斯柴尔德庄园）。

139 个年份的葡萄酒拍卖，是 1869 年至 2009 年间酿制的，共计约 2000 瓶，都是从庄园的酒窖里直接提出来运到香港的。每一组标的物的成交价格都高于起拍价格，有的甚至比起拍价格高出两到三倍。所有的竞拍者都站在大厅里，大厅外面还有许多人排在候补名单上等待入场。晚会结束后，拍卖总价高达 6550 万港币，相当于 650 万欧元，比最初预计的总价高出三倍多。一组 1869 年酿制的三瓶拉菲葡萄酒甚至打破了葡萄酒拍卖价格的世界纪录。再往后，葡萄酒价格在世界各地都开始飙升：2011 年 4 月，一箱 12 瓶拉菲 2009 年份的葡萄酒要花上 17500 欧元才能买得到。不过在此后半年当中，价格一直在下跌，最终只要付一半的价钱，就能买到一箱同款的拉菲葡萄酒。这如同股市一样，投资者这才发现名酒也不会游离于动荡的世界市场之外。

但是，正如我们在本书中所看到的那样，所有这一切都和历史渊源有关。价格涨涨跌跌并不是新近才有的现象。从经纪人在登记簿上所记录的内容看，在 17 世纪的伦敦，一级庄葡萄酒的价格比普通波尔多葡萄酒的价格要高三到四倍，比 1855 年列级之前二级酒庄葡萄酒的价格要高两到三倍。从登记簿上看，一级庄的价格也曾有过狂泻不已的记录，这通常都与为某一酒商谋取利益而执行限制性合同有关，再不然就是遭遇战争，或碰到重大的政治事件，致使销路不畅造成的。其实只需要回顾一下历史，就知道一级庄确实经历过极其困难的时期：1855 年列级之前那几年，约瑟夫·欧仁·拉里厄就曾碰到过大麻烦，侯伯王庄的好多“葡萄酒都堆在酒窖里”；而在 1947 年，达尼埃尔·劳顿的父亲曾在日记中写道：“我

从 1891 年做经纪人以来，从未见过如此严重的危机……期酒生意一直死气沉沉的。我们的老客户都不见了，知名庄园都变成仓库了。”

10 年过后，让庄园陷入困境的并不是经济，而是冻害。拉图庄的让-保罗·加代尔在日记中写道：“1956 年，黑暗的一年。2 月份，温度表呈自由落体式直线下降，甚至降到零下 20 度以下。整个吉伦特地区遭受严重的冻害。到了 4 月份，我们把被冻死的葡萄树都拔掉，准备重新栽种葡萄树。真是让人伤心的一天。”1973 年，当石油危机爆发时，燃料油的价格上涨了 400%，整个市场都笼罩在恐惧之中，各地的市场一个接一个地陷入崩溃状态，加代尔在日记里清楚地描绘了这幅场景。

自从二战结束以来，列级一级庄的葡萄酒价格已成为世界宏观经济走向的指数，紧随股市大盘涨涨跌跌。虽然最近葡萄酒价格连续下跌让人感到担心，但我们不妨回顾一下历史，依照葡萄酒历史学家尼古拉斯·费斯的说法，在 1950 年，一瓶拉菲葡萄酒的价格要比普通波尔多葡萄酒贵五倍，到了 1961 年，列级一级庄的葡萄酒价格是那一款普通波尔多葡萄酒的 24 倍，待到 2010 年的时候，这个价差竟然高达 150 倍。尽管如此，一级庄葡萄酒的价格还有上涨的空间。

走向未来

除了涨涨跌跌的价格之外，一级庄的计划也是投机商追逐的目标。2012 年 4 月，拉图庄宣布打算退出期酒交易，将葡萄酒一直留在庄园里陈酿，直到完全可以饮用时才投放到市场上，这个决定公布之后引起各界议论纷纷。如果实际运作起来，这就意味着副牌小拉图要在庄园里陈酿 5—8 年才可上市，而正牌拉图庄园则要陈酿 10—15 年。

依照昂热雷的说法，正是凭借这种新的营销方式，珍贵的葡萄酒才会在最好的条件下陈酿，一直陈酿到客户可以打开酒瓶享用时为止，而且葡萄酒的来源地可以得到保证。与此同时，他还补充说要继续和波尔多的酒商合作，通过庄园“最优秀”的经纪人和酒商渠道去销售葡萄酒，从而打消本地人的顾虑，不过他还是强调要建立一种可追溯体系。他还明确指出，在期酒交易那一周，每一款新年份的葡萄酒依旧会拿出来让大家品鉴，将新酒和其他即将投放市场的酒一起推介给公众。

“我们认为，这种新的营销机制将会满足葡萄酒爱好者那不断增多的要求，他们希望自己买到的葡萄酒是在完美条件下陈酿出来的，而我们的酒窖正是可以提供这种条件的最佳场所。不过，一般来说，我们的葡萄酒还是过早就被喝掉了，对此我们感到有些可惜，但我们相信关注这个问题也是我们的责任，尤其是面对像拉图这样可以长久藏酿的葡萄酒时，就更值得关注。”接下来，大家都想知道，这些举措将怎样实施呢？由于价格一直在上涨，一级庄要比以往任何时候都更加关注自己的形象和名望，不过在几百年当中，波尔多的体制一直非常出色地承担起监控（庄园）价格和形象的使命。

有一点是可以肯定的，即任何一家一级庄都不会满足于现状。几年来，人们发现他们在悄悄地购买一块块土地，来扩大自己的葡萄园，这类购买似乎还会持续下去，虽然价格上涨总会引发这种现象，但土地交易往往是互利互惠的事。

1868 年，当詹姆斯 · 德 · 罗斯柴尔德男爵收购拉菲庄时，整座庄园只有 74 公顷葡萄园。费雷指南把它描写成效益很好的庄园，年收入约为 10 万法郎，而且这还“仅仅是葡萄酒的收入”。在 1870—1890 年间，根瘤蚜灾害几乎摧毁了整个葡萄园，灾害过后，拉菲庄的葡萄种植面积减少到 70 公顷，二战结束后，面积又缩小到 65 公顷。在 20 世纪 80 年代，葡萄园的面积开始扩大，到了 2004 年，依照第七版费雷指南的数据，葡萄园的面积扩大到 100 公顷，到 2007 年，这一面积又扩展到 105 公顷。如今，拉菲庄拥有 110 公顷葡萄园，还有几块地很快就要种上葡萄树了。根据 1898 年至 1922 年

间出版的各版本费雷指南记载，玛歌庄的葡萄园从 80 公顷增加到 92 公顷，然而 1949 年版的费雷指南却注明玛歌庄的葡萄种植面积缩减到 60 公顷，不过到了 1991 年，面积又扩展到 78 公顷，到 2007 年，则增加到 82 公顷。在费雷指南 1969 年的版本里，拉图庄有 48 公顷“老葡萄园子”，直到费雷推出 2001 年版，这一面积一直保持得很稳定，那一年拉图庄葡萄园的面积扩展到 65 公顷。到 2007 年，拉图庄拥有 79 公顷葡萄园，如今庄园已将这一面积增加到 85 公顷。

帕特里克·莱昂在 20 世纪 80 年代任木桐-罗斯柴尔德庄园的总经理，他后来回忆说曾在紧挨着庄园的地界上买过几所房子，当时买房的目的就是把那片地改成葡萄园（费雷指南注明庄园在 1949 年有 60 公顷葡萄园，到 2007 年时就扩展到 82 公顷了）。1855 年的列级体制允许他们这么做，因为被划入列级的是庄园的名字，而非庄园的葡萄园，况且没有哪份文件上明确规定他们葡萄园的面积不能达到 200 公顷。“他们唯一的界限就是产地标志所覆盖的地域，再有就是周围的邻居愿意不愿意将土地出让给他们。”投资银行家让-路易·库佩这样说道。“由于他们的葡萄酒需求很旺，而且需求一直呈增长趋势，因此他们会一直不断地扩展自己的葡萄园，没有任何理由能让他们停下来。”

然而这并不意味着他们将把所有新增加的葡萄园都用来酿造正牌酒。比如，大家都知道拉图庄在 20 世纪 60 年代初获得 10 公顷土地，这片名叫小巴塔耶的地块就在波亚克的地界上，随着 1966 年拉图庄推出副牌酒“小拉图”，庄园就用这块地出产的葡萄去酿造副牌酒。

唯一的例外就是侯伯王庄，它所处的位置好像镶嵌在城市的网络里。1868 年，当费雷指南推出第一版时，侯伯王庄有 50 公顷葡萄园，然而这只是一个理论数字，因为葡萄园大部分都被粉孢菌毁坏了，庄园主人拉里厄竭尽全力去种植新葡萄树。把葡萄园三分之一的面积全都换上新树苗。在 1886 年版的费雷指南上，人们看到即使庄园遭受根瘤蚜的侵害，在灾害过后，他还是把葡萄园三分之二的面积全都换成新树苗。在饱受第一次世界大战战火蹂躏之后，刚好在华尔街股市暴跌之前，1929 年版的费雷指南注明侯伯王庄拥有 42.5 公顷葡萄园。在几十年过后，这个面积只是小幅增长，如今侯伯王庄也只有 51.5 公顷葡萄园。

“侯伯王庄完全可以在佩萨克-雷奥良产地扩展葡萄园。”库佩说道，“但是到目前为止，他们什么也没有做，葡萄园就在城堡四周，况且在马路对面，他们还有美讯侯伯王庄。”不管一级庄未来作出什么样的选择，他们都是投机者追逐的目标，而且也是争论的焦点。在决定波尔多的命运方面，他们仍将在很长时间里发挥出重要作用。他们正是高端葡萄种植概念的策源地，也正是他们把酒桶陈酿工艺和庄园内装瓶技术推向完美。他们的酒窖也是采纳现代工艺的先锋，他们率先采用不锈钢酿酒罐以及温控技术。他们甚至推出酒庄的概念，这一概念首次出现在 17 世纪 30 年代，当时是玛歌和侯伯王最早采用了这一名称，那时候这两家庄园属于莱斯托纳克家族。

五家一级庄一直在不断地激励着一代又一代的葡萄酒酿造者，不但给波尔多的酿酒商带来启发，而且让世界各地的酿酒商紧随他们所引导的潮流。虽然过去他们是创新者，但是如今他们更愿意去强调谨慎及传统的种植概念。比如玛歌庄园正在试验用螺旋盖封酒瓶，但无论得出什么样的结果，要想真正投入使用也要靠下一代葡萄酒酿造者了。“我们首先要去检验螺旋盖封瓶的效果，这一过程需要 20 到 30 年，甚至需要 50 年。对于我们玛歌庄园来说，这一过程是必不可少的。在我们这儿，任何事情都不能操之过急。”

上图：科琳娜·门采尔普洛斯，玛歌庄园主。

当下五家一级庄所酿造的葡萄酒应当是有史以来最好的，而且稳定的质量让人感到吃惊。正如葡萄酒专家史蒂文·史普瑞尔所说的那样："所有人都试图赶上一级庄，最近几年来，我们看到一级庄周围的各庄园纷纷推出许多很棒的葡萄酒。但是最终获胜的始终是一级庄。一级庄的主人对葡萄酒的爱充满了激情，而且把葡萄酒当作瑰宝去精心护理。他们连一分钟都不肯休息，况且停下来休息也不符合他们的个性。"当然炫耀自己的成功同样不符合他们的个性。克里斯托弗·萨林曾做过一次演讲，他的话也许最能代表各庄园工作人员、各位总经理以及其他庄园主人的心声："尤其是，这当中还有庄园。在我们来到这个世界之前，它们就屹立在那里，待我们走了之后，它们还依然屹立在那儿。在为庄园工作的同时，我们也在提升自己，但我们绝不会忘记自己仅是沧海之一粟。即使我们离开这个世界，这片土地也依然会静静地躺在这里，这是再正常不过的事情了。"

10

-展望未来-

2000
PAUILLAC
CHATEAU MARGAUX
GRAND VIN
1988
GRAND CRU CLASSE
MARGAUX
CHATEAU HAUT BRION
1990
1985
Château
PAUILLAC
GRAND VIN
DE
PAUILLAC
1982

Saury

数字细说五大列级一级酒庄

侯伯王庄园 CHÂTEAU HAUT-BRION
庄园主人：卢森堡大公国罗伯特王子及狄伦家族
葡萄种植面积：51.5 公顷（其中 48 公顷为红葡萄）
1855 年时葡萄种植面积：50 公顷
葡萄园种植品种：50% 赤霞珠，9% 品丽珠，40% 梅洛，1% 味而多
正牌酒年产量：10000 箱
副牌酒（克拉伦斯）年产量：7000 箱

拉菲-罗斯柴尔德庄园 CHÂTEAU LAFITE ROTHSCHILD
庄园主人：埃里克·德·罗斯柴尔德男爵
葡萄种植面积：110 公顷
1855 年时葡萄种植面积：74 公顷
葡萄园种植品种：70% 赤霞珠，25% 梅洛，3% 品丽珠，2% 味而多
正牌酒年产量：15000 至 20000 箱
副牌酒（拉菲卡许阿德）年产量：15000 至 20000 箱

拉图庄园 CHÂTEAU LATOUR
庄园主人：弗朗索瓦·皮诺
葡萄种植面积：84 公顷（其中昂科洛地块有 47 公顷）
1855 年时葡萄种植面积：48 公顷
葡萄园种植品种：80% 赤霞珠，18% 梅洛，2% 品丽珠
正牌酒年产量：15000 至 16000 箱
副牌酒（小拉图）年产量：18000 箱。此外还有若干数量的三标酒“波亚克”

玛歌庄园　CHÂTEAU MARGAUX
庄园主人：科琳娜·门采尔普洛斯
葡萄种植面积：92 公顷（其中 80 公顷为红葡萄）
1855 年时葡萄种植面积：80 公顷
葡萄园种植品种：75% 赤霞珠，20% 梅洛，5% 味而多和品丽珠
正牌酒年产量：12500 至 13500 箱
副牌酒（红亭）年产量：16000 箱

木桐-罗斯柴尔德庄园　CHÂTEAU MOUTON ROTHSCHILD
庄园主人：菲丽宾·德·罗斯柴尔德女男爵 [1]
葡萄种植面积：84 公顷
1855 年时葡萄种植面积：60 公顷
葡萄园种植品种：83% 赤霞珠，14% 梅洛，3% 品丽珠
正牌酒年产量：16000 至 18000 箱
副牌酒（小木桐）年产量：5000 至 6000 箱

[1] 本书英文版出版于 2012 年。菲丽宾女男爵已于 2014 年 8 月逝世，她的长子菲利普·素汉·罗斯柴尔德接替她执掌木桐庄园。

1855 年列级酒庄名单

梅多克地区

一级酒庄

	[1]	
Château LAFITE-ROTHSCHILD	Pauillac	拉菲庄园
Château LATOUR	Pauillac	拉图庄园
Château MARGAUX	Margaux	玛歌庄园
Château MOUTON-ROTHSCHILD	Pauillac	木桐庄园
Château HAUT-BRION	Pessac	侯伯王庄园

二级酒庄

Château RAUZAN-SÉGL	Margaux	鲁臣世家庄园
Château RAUZAN-GASSIES	Margaux	露仙歌庄园
Château LÉOVILLE-LAS GASES	Saint-Julien	雄狮庄园
Château LÉOVILLE-POYFERRE	Saint-Julien	乐夫普勒庄园
Château LÉOVILLE-BARTON	Saint-Julien	乐夫巴顿庄园
Château DURFORT-VIVENS	Margaux	杜佛维恩庄园

[1] 本列为庄园所在产区名，列级酒庄所在产区名称分别为：波亚克（Pauillac）、玛歌（Margaux）、佩萨克（Pessac）、圣朱利安（Saint-Julien）、圣埃斯泰夫（Saint-Estèphe）、上梅多克（Haut-Médoc）、索泰尔纳（Sauternes）、巴萨克（Barsac）。对应于每一庄园的产区名不再一一译出。

Château GRUAUD LAROSE	Saint-Julien	拉露斯庄园
Château LASCOMBES	Margaux	力士金庄园
Château BRANE-CANTENAC	Margaux	布莱恩 · 康特纳庄园
Château PICHON-LONGUEVILLE	Pauillac	碧尚龙维庄园
Château PICHON-LONGUEVILLE COMTESSE de LALANDE	Pauillac	碧尚龙维-拉朗德女伯爵庄园
Château DUCRU-BEAUCAILLOU	Saint-Julien	宝嘉隆庄园
Château COS d'ESTOURNEL	Saint-Estèphe	爱士图尔庄园
Château MONTROSE	Saint-Estèphe	玫瑰山庄园

三级酒庄

Château KIRWAN	Margaux	麒麟庄园
Château d'ISSAN	Margaux	迪仙庄园
Château LAGRANGE	Saint-Julien	拉格朗日庄园
Château LANGOA BARTON	Saint-Julien	朗歌巴顿庄园
Château GISCOURS	Margaux	杰斯高庄园
Château MALESCOT SAINT-EXUPÉRY	Margaux	马莱斯科-圣埃克苏佩里庄园
Château BOYD-CANTENAC	Margaux	布瓦-卡德纳克庄园
Château CANTENAC BROWN	Margaux	卡德纳克-布朗庄园
Château PALMER	Margaux	宝玛庄园
Château LA LAGUNE	Haut-Médoc	拉古庄园
Château DESMIRAIL	Margaux	迪士美庄园
Château CALON SÉGUR	Saint-Estèphe	凯隆世家庄园
Château FERRIÈRE	Margaux	费里埃庄园
Château MARQUIS d'ALESME	Margaux	碧加侯爵庄园

四级酒庄

Château SAINT-PIERRE	Saint-Julien	圣-皮埃尔庄园
Château TALBOT	Saint-Julien	大宝庄园

Château BRANAIRE-DUCRU	Saint-Julien	班尼尔庄园
Château DUHART-MILON	Pauillac	都夏美隆庄园
Château POUGET	Margaux	宝爵庄园
Château LA TOUR CARNET	Haut-Médoc	拉图嘉利庄园
Château LAFON-ROCHET	Saint-Estèphe	拉芳罗榭庄园
Château BEYCHEVELLE	Saint-Julien	龙船庄园
Château PRIEURÉ-LICHINE	Margaux	荔仙庄园
Château MARQUIS de TERME	Margaux	德达侯爵庄园

五级酒庄

Château PONTET-CANET	Pauillac	宝得根庄园
Château BATAILLEY	Pauillac	巴特利庄园
Château HAUT-BATAILLEY	Pauillac	上巴特利庄园
Château GRAND-PUY-LACOSTE	Pauillac	拉高斯庄园
Château GRAND-PUY DUCASSE	Pauillac	杜卡斯庄园
Château LYNCH-BAGES	Pauillac	靓茨伯庄园
Château LYNCH-MOUSSAS	Pauillac	浪琴慕沙庄园
Château DAUZAC	Margaux	豆莎庄园
Château d'ARMAILHAC	Pauillac	达玛雅克庄园
Château du TERTRE	Margaux	杜特庄园
Château HAUT-BAGES LIBÉRAL	Pauillac	奥巴里奇庄园
Château PEDESCLAUX	Pauillac	百德诗歌庄园
Château BELGRAVE	Haut-Médoc	百家富庄园
Château de CAMENSAC	Haut-Médoc	卡门萨克庄园
Château COS LABORY	Saint-Estèphe	博礼庄园
Château CLERC MILLON	Pauillac	米龙修士庄园
Château CROIZET-BAGES	Pauillac	歌碧庄园
Château CANTEMERLE	Haut-Médoc	坎特美乐庄园

索泰尔纳地区

特等一级酒庄

Château d'YQUEM	Sauternes	伊甘庄园

一级酒庄

Château LA TOUR BLANCHE	Sauternes	白塔庄园
Château LAFAURIE-PEYRAGUEY	Sauternes	拉弗派瑞庄园
Clos HAUT-PEYRAGUEY	Sauternes	奥派瑞庄园
Château de RAYNE VIGNEAU	Sauternes	威农庄园
Château SUDUIRAUT	Sauternes	绪帝罗庄园
Château COUTET	Barsac	古岱庄园
Château CLIMENS	Barsac	克里蒙庄园
Château GUIRAUD	Sauternes	吉罗庄园
Château RIEUSSEC	Sauternes	拉菲丽丝庄园
Château RABAUD-PROMIS	Sauternes	哈堡普诺庄园
Château SIGALAS RABAUD	Sauternes	斯格拉哈堡庄园

二级酒庄

Château MYRAT	Barsac	米拉特庄园
Château DOISY DAËNE	Barsac	多喜戴恩庄园
Château DOISY-DUBROCA	Barsac	多喜布罗卡庄园
Château DOISY-VEDRINES	Barsac	多喜韦德喜庄园

Château d'ARCHE	Sauternes	方舟庄园
Château FILHOT	Sauternes	菲乐庄园
Château BROUSTET	Barsac	博鲁斯岱庄园
Château NAIRAC	Barsac	奈哈克庄园
Château CAILLOU	Barsac	卡优庄园
Château SUAU	Barsac	绪优庄园
Château MALLE	Sauternes	玛乐庄园
Château ROMER du HAYOT	Sauternes	罗曼莱庄园
Château ROMER	Sauternes	罗默庄园
Château LAMOTHE	Sauternes	拉莫特庄园
Château LAMOTHE-GUIGNARD	Sauternes	拉莫特吉纳尔庄园

参考文献

1. 波尔多科学院：菲利普·德·罗斯柴尔德男爵当选波尔多科学院院士时的致辞，1990 年（Académie de Bordeaux, discours officiel d'entrée à l'académie du baron Philippe de Rothschild, 1990）。

2. 阿利博纳：《英国皇家学会及其晚宴俱乐部》，帕加蒙出版社，1976 年，第 2—3 页（Alibone, T.E., *The Royal Society and its Dining Clubs*, Pergamon Press, 1976, p. 2-3）。

3. 爱德华·安德雷德：《英国皇家学会简史》，英国皇家学会，1960 年（Andrade, Edward Neville da Costa, *A Brief History of the Royal Society*, The Royal Society, 1960）。

4. 法国葡萄酒及含酒精饮料经纪人联合会年鉴，1995 年卷，第 2—8 页（*Annuaire de la Fédération des Syndicats des Courtiers en Vins et Spiritueux de France*, 1995, p.2-8）。

5. 热拉尔·奥班：《从公证人在 1715—1789 年的做法看 8 世纪波尔多的领主权》，鲁昂大学学报，第 48 卷，1989 年，第 167—169 页（Aubin, Gérard, *La Seigneurie en Bordelais au VIIIe siècle d'après la pratique notariale [1715-1789]*, université de Rouen, vol.48, 1989, p.167-169）。

6. 罗萨蒙·贝尼耶：《木桐酒庄博物馆》，原载于《见解》杂志 1962 年 7—8 月特刊，木桐酒庄博物馆（Bernier, Rosamond, « Le Musée de Monton » *in L'Œil*, tiré à part du numéro de juillet-août 1962, musée de Monton）。

7. 素黎士·巴特查里亚：《昂热雷详解拉图酒庄痴迷高品质的做法》，摘自印度葡萄酒科学院的博客，博客链接：http://www.indiawineacademy.com/em_2_item_6.asp（2012 年 8 月 13 日浏览）（Bhattacharyya, Sourish, « Engerer Explains Latour's Obsession With Quality » in indianwineacademy.com. blog de L'académie indienne du vin, http://www.indianwineacademy.com/em_2_item_6.asp [consulté le 13 août 2012]）。

8. 罗伯特·布特吕什：《波尔多史：1453—1715 年》，法国西南部历史联盟，1969 年（Boutruche, Robert, *Histoire de Bordeaux 1453-1715*, Fédération historique du Sud-Ouest, 1969）。

9. 威廉·博雷：《约翰·伊夫林日记》，沃尔特·邓恩出版社，2009 年，第 322—323 页（Bray William, *The Diary of John Evelyn, Edited from the Original*, M. Walter Dunne Publishers, 2009, p.322-323）。

10. 克里斯蒂·坎贝尔：《葡萄根瘤蚜：葡萄酒是如何得到拯救的》，哈珀平装书出版社，2010 年（再版）（Campbell, Christy, *Phylloxera : How Wine Was Saved for the World*, Harper Perennial [réimpression], 2010）。

11. 乔治·西罗：《西班牙公报》，第 36 卷，1934 年，第 125—128 页（Cirot Georges, *Bulletin hispanique*, vol.36, 1934, p.125-128）。

12. 妮可·张伯伦：《吉耶纳的英国海军部，新法兰西历史之源》，吉伦特省文史籍，1933 年（Chamberland, Nicole [avec McLeod, Jane et Turgeon, Christine], *Amiraute de Guyenne, A Source for the History of New*

France, Archives départementales de la Gironde, 1933)。

13. “罗伯特·沃特金斯的高品质老酒目录”，1868 年 6 月 29 日，星期一；“小酒窖葡萄酒目录”，1868 年 3 月 19 日，星期四；“布舍柏的精选窖藏及高档葡萄酒目录”，1820 年 4 月 20 日，星期四，伦敦佳士得拍卖行史籍档案 (*Catalog of Old Wines of Robert Watkins,* Esq. lundi 29 juin 1868 ; *Catalog of a Small Cellar of Wines*, jeudi 19 mars 1868 ; *Catalog of the Genuine Cellar of Choice and Superior Wines of W. Bushby, Esq.* jeudi 20 avril 1820, archives de Christie's, Londres)。

14. 夏尔·科克斯：《波尔多：周边景点及葡萄酒大全》，小费雷出版社，波尔多，1850 年，第 39—42 页 (Cocks, Charles, *Bordeaux : ses environs et ses vins classés par ordre de mérite,* Féret Fils, Bordeaux, 1850, p.39-42)。

15. 科克斯与费雷：《波尔多及其葡萄酒》，第 17 版，费雷出版社，2004 年 (英文版)，第 476—479 页，第 566 页，第 623 页 (Cocks & Féret , *Bordeaux and its Wines,* 17th Edition, éditions Féret 2004 [version anglaise], p.476-479, p.566, p.623)。

16 科克斯与费雷：《波尔多及其葡萄酒》，1986 年版，第二章 “1973 年列级”，第 229—230 页 (Cocks & Féret , *Bordeaux et ses vins,* édition 1986, ch. 2, « Classement de 1973 », p.229-230)。

17. 让·戴尔马：《一级酒庄之道》，侯伯王酒庄，1991 年 (Delmas, Jean, *Considering A Great Growth,* Château Haut-Brion, 1991)。

18. 埃里克·德绍：《拉菲-罗斯柴尔德酒庄》，展望出版社，2009 年 (Deschodt, Éric, *Lafite Rothschild*, éditions du Regard, 2009)。

19. 米歇尔·多瓦：《拉图酒庄》，阿苏利纳出版社，1998 年 (Dovaz, Michel, *Château Latour*, Assouline, 1998)。

20. 尼古拉斯·费斯：《玛歌酒庄》，米契尔·彼兹雷出版社，1991 年，第 44—61 页 (Faith, Nicolas, *Château Margaux*, Mitchell Beazley, 1991, p.44-61)。

21. 亨利·昂雅尔贝：《葡萄种植与葡萄酒史》，波尔达斯-巴迪出版社，1987 年 (Enjalbert, Henri, *L'Histoire de la vigne et du vin*, éditions Bordas-Bardi, 1987)。

22. 米歇尔·菲雅克：“复辟王朝时期的波尔多贵族”，刊载于《历史、经济与社会》杂志，1986 年，第 5 年刊，第 3 期，第 381—405 页 (Figeac, Michel, « Noblesse bordelaise au lendemain de la Restauration » *in Histoire, économie et société*, 1986, 5e année, n° 3, p.381-405)。

23. 米歇尔·菲雅克：《波尔多贵族的命运，1770—1830》，上下册，法国西南部历史联盟，1996 年 (Figeac, Michel, *Destins de la noblesse bordelaise, 1770-1830*, vol. 1 et 2. Fédération historique du Sud-Ouest, 1996)。

24. 威廉·弗朗克：《梅多克葡萄酒论》，拉吉约捷尔印刷所，1824 年 (Franck, William, *Traité sur les vins du Médoc*, Imprimerie de Laguillotière, 1824)。

25. 詹姆斯·高布勒：“托马斯·杰斐逊与葡萄酒的不解之情”，刊载于《福布斯》杂志 2006 年 2 月期 (Gabler, James, « Thomas Jefferson's Love Affair With Wine », *Forbes magazine*, février 2006)。

26. 让-保罗·加代尔和阿朗布尔：《梅多克：它的活力与业绩》，1971 年，第 35—38 页 (Gardère, Jean-Paul et Haramboure, *Le Médoc. Sa vie, son œuvre,* 1971, p.35-38) 。

27. 同行业会所书屋：“17 世纪伦敦商行、客栈及咖啡馆典型特征分类目录”。伦敦城市社团，1855 年 (Guildhall Library, *A descriptive catalog of the London traders, tavern and coffee house tokens current in the 17th century*, Corporation of the City of London, 1855)。

28. 约翰·海尔曼：《托马斯·杰斐逊与葡萄酒》，密西西比大学出版社，2009 年 (Hailman, John, *Thomas Jefferson on Wine*, University Press of Missippi, 2009)。

29. 阿格斯顿 · 哈拉斯蒂 :《葡萄种植、葡萄酒以及葡萄酒酿造》，哈珀及兄弟出版社，1862 年，第 100—120 页（Haraszthy, Agoston, *Grape Culture, Wines and Wine-making,* Harper & Brothers Publishers, 1862, p.100-120）。

30. 夏尔 · 伊昆泰 :《拉图庄园的领地及葡萄种植》，法国西南部历史联盟，1974 年（Higountet, Charles, *La Seigneurie et le vignoble de château Latour*, Fédération Historique du Sud-Ouest, 1974）。

31. “白宫的娱乐活动”（节选自 J.F.K. 书屋网站，《白宫的娱乐活动》，玛丽·史密斯著），卫城图书出版公司，1967 年，J.F.K. 书屋（*Entertaining in the White House* [extrait du site de la J.F.K. Library, *Entertaining in the White House* de Marie Smith], Acropolis Books, 1967, J.F.K. Library）。

32. 汤姆 · 詹森 :《贝瑞兄弟与洛德商号的故事》，贝瑞兄弟出版，1998 年，第 4—7 页（Johnson, Tom, *The Story of Berry Bros & Rudd,* Berry Bros, 1998, p.4-7）。

33. 休 · 约翰逊 :《葡萄酒——开瓶人生》，费尔德与尼科尔森出版商，猎户座出版社，2006 年，第 209—215 页（Johnson, Hugh, *A life Uncorked*, Weidenfeld & Nicolson, The Orion Publishing Group, 2006, p.209-215）。

34. 拉菲－罗斯柴尔德，巴黎司法院竞拍契约，巴黎，1868 年 3 月，第 538 卷，第 3H 页，契约 3（Lafite Rothschild, acte de vente du Palais de justice, Paris mars 1868, vol.538, folio 3h, achat 3）。

35. 雅各布 · 哈伍德和约翰 · 霍滕－康登 :《广告牌历史 : 从早期直至今日》，霍滕出版社，1866 年（Larwood, Jacob et Camden Hotten, John, *The History of Signboards; from the Earliest Times to the Present Day*, J.C. Hotten, 1866）。

36. 达尼埃尔 · 劳顿 :《劳顿家族史》，吉伦特河湾博物馆（无日期）（Lawton, Daniel, *Histoire de la famille Lawton*, Conservatoire de l'Estuaire de la Gironde [non daté]）。

37. “劳顿家族 : 堂堂正正的经纪人”，载《快报》杂志，2006 年 11 月 16 日（无作者名）(« Les Lawton : des courtiers bien en jambes » in L'Express, 16 novembre, 2006 [non signé]）。

38. 亨利 · 莱韦克 :《法国西南部吉伦特省波尔多葡萄酒及含酒精饮料经纪人行业协会》（无日期）（Lévêque, Henri, *Syndicat régional des courtiers de vins et spiritueux de Bordeaux de la Gironde, du Sud-Ouest* [non daté]）。

39. 阿历克西 · 利希纳 : “波尔多的冲突”，载 1963 年 11 月 20 日《泰晤士报》，伦敦（Lichine, Alexis, « Controversy in Bordeaux » *in The Times newspaper*, Londres, 20 novembre 1963）。

40. 琼 · 李特尔伍德与菲利普 · 德 · 罗斯柴尔德男爵合著 :《葡萄藤夫人》，世纪出版社，1984 年（Littlewood, Joan, avec le baron Philippe de Rothschild, *Milady Vine*, Century, 1984）。

41. 洛奇 : “中世纪时期，梅多克的卡斯泰尔诺男爵领地”，载《英格兰历史评论》，第 22 卷，1907 年，第 93—101 页（Lodge, E.C., « The Barony of Castelnau, in the Medoc, during the Middle Ages », *English Historical Review*, XXII [LXXXV], 1907, p.93-101）。

42. 查理－卡梅隆 · 勒丁顿 :《1660—1860 年间的英格兰及苏格兰，葡萄酒的经营与体验》，哥伦比亚大学哲学博士论文，2003 年，第二章，“英国 18 世纪高档红葡萄酒的兴起”（Ludington, Charles Cameron, *Politics and the Taste for wine in England and Scotland 1660-1860*, Columbia University, Doctor of Philosophy, 2003,[de UMI Dissertation Services], ch.2, « The rise of luxury claret in 18th century England）。

43. 德维 · 马卡姆 :《1855 年 : 波尔多葡萄酒列级史》，约翰 · 威利父子出版公司，1998 年，第 93—96 页，第 109—136 页，第 147 页（Markham, Dewey, *1855: A History of the Bordeaux Classification*, John Wiley & Sons, 1998, p.93-96,p.109-136,p.147）。

44. 玛丽恩 · 米德 :《阿基坦的埃莉诺》，凤凰出版社，2002 年（Meade, Marion, *Eleonor of Aquitaine*, Phoenix Press, 2002）。

45. 勒内 · 皮亚苏 :《梅多克史》，塔朗迪耶出版社，1978 年（Pijassou, René, *Le Médoc*, éditions Tallandier, 1978）。

46. 托马斯 · 平尼 :《美洲葡萄酒历史》，UC 出版社，1989 年（第二部分“开创酿酒工业”，彼得 · 勒戈及宾夕法尼亚葡萄酒公司合著）（Pinney, Thomas, *A History of Wine in America*, UC Press, 1989 [*Part 2*, « The Establishment of An Industry, Peter Legaux and the Pennsylvania Wine Company »]）。

47. 杰克–亨利 · 普雷沃 :“菲利克斯 · 波坦公司的安德烈 · 门采尔普洛斯在玛歌酒庄的经历”，刊载于 1980 年 4 月 6 日《西南报》（Prévot, Jack-Henry, « André Mentzelopoulos, Félix Potin à Château Margaux » *in Sud-Ouest*, 6 avril 1980）。

48. 西里尔 · 雷 :《拉菲葡萄酒》，佳士得葡萄酒刊物，1978 年，第 82—87 页（Ray, Cyril, *Lafite*, Christie's Wine Publications, 1978, p.82-87）。

49. 弗朗索瓦 · 勒纳尔 :“菲利普 · 德 · 罗斯柴尔德男爵逝世”，载 1988 年 1 月 22 日《世界报》（Renard, François, « La Mort du Baron Philippe de Rothschild » *in Le Monde*, 22 janvier, 1988）。

50. 菲利普 · 德 · 罗斯柴尔德男爵 :“菲利普 · 德 · 罗斯柴尔德先生荣膺院士典礼，波尔多国家科学、文学及艺术学院”，科学院会堂，1973 年，第 1—23 页（Rothschild, baron Philippe de, *Réception de monsieur Philippe de Rothschild, L'Académie nationale des Sciences, Belles-lettres et Arts de Bordeaux*, Hôtel des Sociétés Savantes, 1973, p.1-23）。

51. 菲利普 · 德 · 罗斯柴尔德男爵 :《享受葡萄园的乐趣》，城市出版社，1981 年（Rothschild, Baron Philippe de, *Vivre la vigne*, Presses de la Cité, 1981）。

52. 安德烈 · 西蒙 :《英格兰葡萄酒贸易史》，第三卷（1905—1906 年第一版，1964 年出版影印版），第 222—223 页（Simon, André, *The History of the Wine Trade in England*, vol.3 [première édition : 1905-1906, fac similé publié en 1964], p.222-223）。

53. 约翰 · 廷布斯 :《伦敦的俱乐部生活》，理查德 · 宾利出版社，1866 年，第 130—131 页（Timbs, John, *Club Life of London*, Richard Bentley Publishers, 1866, p.130-131）。

54. 韦德 :《皇家学会史》，第一卷，克莱印刷所，1848 年，第 502—503 页（Weld, C.R., History of the Royal Society vol. 1, R. Clay printer, 1848, p.502-503）。

致谢

首先，我要向各一级酒庄的总经理和庄园主人表示感谢，感谢他们慷慨地为我花费了那么多的时间，让我去分享他们丰富的经验，最终使我顺利地写完这本书。各个庄园的城堡都沉浸在平和气氛中，沉浸在优美的环境里，每次去城堡拜访，我都度过非常愉快的时光，这让我终生难忘。

感谢《醇鉴》杂志主编吉尔·毕茨、莎拉·康博，感谢安德鲁·娄尼，他们为本书的第一版做了校阅，对本书的结构提出了宝贵的建议，并提醒我书中哪些片段有潜在的风险，而我原本完全有可能落入这些风险之中。

感谢清风出版社的科琳娜·施密特，她相信这个出版计划会获得成功。

我还要感谢伊莎贝尔·罗森鲍姆，她拍摄的绝美照片使本书显得富有活力和生气；感谢劳伦斯·梅耶为本书的版面设计做了大量工作，感谢她把本书做得这么漂亮。

衷心感谢维吉尼·马耶，在她的帮助下，本书的各个章节才初具雏形，全书的结构才从大量的初始手稿中脱颖而出。

许多专家都向我提出宝贵的建议，有些人不想透露自己的名字，不过我仍想列出一部分人的名字以示感谢：约翰·寇拉萨、让-保罗·加代尔、安托万·达尔凯、泰奥多尔·莫斯特曼、利维克斯小组、西蒙·斯泰博、尼古拉斯·佩尼亚、史蒂文·史普瑞尔、杰西丝·罗宾逊、奥利维耶·特雷古阿、范陆文、德尼·迪布迪厄、让-米歇尔·卡泽、德维·马卡姆、埃里克和雅克·布瓦瑟诺。感谢香港乐民珍稀书籍出版社的洛伦斯·约翰斯顿，他告诉我在线查阅哈拉斯蒂的回忆录；感谢帕特里克·莱昂，他对我讲述过去担任总经理的经历；感谢萨夏·利希纳和汤姆·施莱津格对我的热情款待。感谢索菲·布里索将本书译成如此精美的法文。感谢波尔多或其他地方的众人，他们对我回忆起过去的往事，并让我分享他们对五家一级酒庄的认知。感谢我丈夫弗朗西斯·安森，在撰写本书的两年当中，他给予我很大的支持，并将他所掌握的波尔多葡萄酒市场的专业知识传授给我。当然，我也要感谢劳伦和艾米丽对母亲的理解，因为母亲在电脑前所花的时间比以往任何时候都多。

译名对照表

B

Balaresque, André　安德烈·巴拉雷克，波尔多酒商协会成员
Barbizier, Patricia　帕特里夏·巴尔比泽，阿特密投资公司总经理
Barent-Cohen, Hannah　汉娜·拜仁-科恩，内森·罗斯柴尔德的妻子
Barent-Cohen, Levy　利维·拜仁-科恩，荷兰银行家
Barré, Philippe　菲利普·巴雷，玛歌庄总经理，保罗·蓬塔列的前任
Bascaules, Philippe　菲利普·巴斯科勒，玛歌庄技术总监
Batailhe, Joseph　约瑟夫·巴塔伊，葡萄酒商
Beaumond, le marquis de　德·博蒙侯爵，拉图庄园主
Becoyran, Pierre de　皮埃尔·德·贝夸朗，拉菲地区的领主
Bellon, Jeanne de　让娜·德·贝龙，德·彭塔克的妻子
Berland, Hervé　埃尔韦·贝朗，木桐庄总经理
Berlon　柏龙，玛歌庄园经理人
Berrier, Philippe　菲利普·贝里耶，玛歌庄酿酒师
Berry, George　乔治·贝瑞，葡萄酒商，约翰·贝瑞的儿子
Berry, John　约翰·贝瑞，葡萄酒商
Bizard, Gunvor　甘沃尔·比扎尔，玛歌庄员工
Blanchy, Alain　阿兰·布朗希，波尔多酒商协会成员
Boeuf, Bruno　布吕诺·博夫，拉菲庄总管
Bofill, Ricardo　里卡尔多·博菲尔，西班牙建筑师
Boissenot, Jacques　雅克·布瓦瑟诺，酿酒工艺顾问
Boissenot, Éric　埃里克·布瓦瑟诺，雅克·布瓦瑟诺的儿子，酿酒工艺顾问
Boy-Landry　布瓦-兰德里，西贡市长，布瓦-兰德里公司老板
Branne, Bertrand de　贝尔特朗·德·布莱恩，王室参事
Branne, Hector de　埃克托尔·德·布莱恩，约瑟夫·布莱恩的儿子，木桐庄园主

Branne, Jacques-Maxime de　雅克-马克西姆·德·布莱恩，埃克托尔·德·布莱恩的儿子
Branne, Joseph de　约瑟夫·德·布莱恩，贝尔特朗·布莱恩的儿子，木桐庄园主
Bristol, le comte de　布里斯托伯爵
Burthe, François　弗朗索瓦·比尔特，巴黎公证人

C

Carême, Antonin　安托南·卡雷姆，著名王室御用厨师
Castéja, Philippe　菲利普·卡斯特雅，波尔多酒商
Castillon, Gaucelme de　戈塞尔姆·卡斯蒂永，卡斯蒂永城堡主人
Castillon, Pons de　庞斯·德·卡斯蒂永，木桐地区最大的领主
Chanevas, François　弗朗索瓦·沙讷瓦斯，拉图庄园主
Chevallier, Charles　夏尔·舍瓦利耶，拉菲庄总经理
Clarke, John　约翰·克拉克，威廉·皮克林生意上的合伙人
Clausel, Joseph de　约瑟夫·德·克洛泽尔，玛格丽特·居托的丈夫
Clausel, Marie-Thérèse de　玛丽-泰蕾兹·德·克洛泽尔，亚历山大·德·塞居尔的妻子
Combes, Guy-Louis　居伊-路易·孔布，法国建筑师，玛歌城堡的设计者
Coppola, Francis Ford　弗朗西斯·福特·科波拉，美国导演，加州纳帕谷伊哥路庄园主
Coupet, Jean-louis　让-路易·库佩，投资银行家
Courregeolles-Toulon, Jeanne　让娜·库尔饶勒-土伦，拉图庄园主
Cromwell, Oliver　奥利弗·克伦威尔
Cutaut, Marguerite　玛格丽特·居托，沙讷瓦斯的外甥女

D

Dalfour, Alfred　阿尔弗雷德·达勒富尔，《波尔多名酒》一书作者
D'Aquitaine, Aliénor　阿基坦的埃莉诺，先为路易七世王后，后为亨利二世王后
D'Arsac, Amanieu　阿玛尼厄·达尔萨克，乔安娜·莫纳岱的儿子
De'eb, Greg　雷戈里·迪耶布，香港皇冠酒窖总经理
Defoe, Daniel　丹尼尔·笛福
Delmas, Georges　乔治·戴尔马，让-菲利普·戴尔马的祖父
Delmas, Jean-Bernard　让-贝尔纳·戴尔马，让-菲利普·戴尔马的父亲
Delmas, Jean-Philippe　让-菲利普·戴尔马，侯伯王庄总经理
Descotis, Marie　玛丽·德科蒂，玛歌庄研发部主任
De Witt, Johan　约翰·德维特，拉菲庄园主
Dhalluin, Philippe　菲利普·达吕安，木桐庄总经理

D'Hargicourt, Abbé　达尔吉古神甫
Dillon, Clarence　克拉伦斯·狄伦，侯伯王庄园主
Dillon, Douglas　道格拉斯·狄伦，美国驻法国大使，克拉伦斯·狄伦的儿子
Dillon, Joan　琼安·狄伦，道格拉斯·狄伦的女儿，侯伯王庄园主
Domanger　多芒热，经理人，接替叙斯管理拉菲庄
Douat, Bertrand, marquis de La Colonilla　贝尔特朗·杜阿，科洛尼拉侯爵，玛歌庄园主
Downey, John G.　约翰·唐尼，美国加利福尼亚州州长
Dryden, John　约翰·德莱顿
Dubourdieu, Denis　德尼·迪布迪厄，波尔多葡萄酒科学院院长
Duffour-Dubergier, Lodi-Martin　洛蒂-马丁·迪富尔-迪贝热耶，波尔多市长
Duhalde, Jean　让·迪阿尔德，侯伯王地区的领主
Dunois, Jean de, comte de Longueville　让·德·迪努瓦，隆格维尔伯爵，木桐庄园主
Dürer, Albrecht　阿尔布雷特·丢勒
Duval, Élisabeth　伊丽莎白·迪瓦尔，约瑟夫·德·布莱恩的妻子，木桐庄园主

E

Engerer, Frédéric　弗雷德里克·昂热雷，拉图庄总经理
Enjalbert, Henri　亨利·昂雅尔贝，历史学家
Eppes, Francis　弗朗西斯·埃普斯，美国总统托马斯·杰斐逊的妻弟
Evelyn, John　约翰·伊夫林，英国作家、专栏记者兼园艺学家
Eymeric　埃梅里克，拉菲庄酿酒师

F

Faith, Nicolas　尼古拉斯·费斯，葡萄酒历史学家
Figeac, Michel　米歇尔·菲雅克，波尔多历史学家
Foix, Jean de, comte de Candale　让·德·富瓦，康达尔伯爵，木桐庄园主
Foix-Candal, Henri de　亨利·德·富瓦-康达尔，让·德·富瓦的侄子
Foix-Candal, Louis de　路易·德·富瓦-康达尔，玛格丽特·德·富瓦-康达尔的小儿子
Foix-Candal, Marguerite de　玛格丽特·德·富瓦-康达尔，亨利·德·富瓦-康达尔的女儿
Forster, Robert　罗伯特·福斯特，波尔多酒商
Foster, Norman　诺曼·福斯特，英国建筑师
Fould, Laurent　洛朗·富尔德，木桐庄园主
Four, Marguerite de　玛格丽特·德·富尔，奥布里翁地区的领主
Fumel, Joseph de　约瑟夫·德·菲梅尔，侯伯王及玛歌庄园主，大革命时期被处死

Fumel, Marie-Louise Élisabeth　玛丽-露易丝·伊丽莎白·菲梅尔，约瑟夫·德·菲梅尔的女儿
Fumel, Laure　洛尔·菲梅尔，约瑟夫·德·菲梅尔侄女

G

Gabriel, Ange-Jacques　安热-雅克·加布里埃尔，18 世纪法国著名建筑师
Galos, Théodore　泰奥多尔·加洛，木桐庄总经理
Garandeau, Jean　让·加朗多，拉图庄营销总监
Gardère, Jean-Paul　让-保罗·加代尔，拉图庄总经理
Gasque, Jeanne de　让娜·德·加斯克，先为约瑟夫·索巴的夫人，后成为雅克·德·塞居尔的夫人
Gibert, André　安德烈·吉贝尔，侯伯王庄园主
Ginestet, Bernard　贝尔纳·吉内斯泰，玛歌庄园主
Ginestet, Fernand　费尔南·吉内斯泰，玛歌庄园主
Ginestet, Pierre　皮埃尔·吉内斯泰，费尔南·吉内斯泰的儿子，玛歌庄园主
Glories, Yves　伊夫·格洛里，波尔多酿酒工艺学院院长
Godefroy, Pénélope　佩内罗珀·戈德弗鲁瓦，九庄俱乐部秘书
Goudal,Joseph　约瑟夫·古达勒，拉菲庄园总经理
Goudal, Emile (dit Monplaisir)　埃米尔·古达勒（别名蒙普莱奇），约瑟夫·古达勒的儿子
Gouin, Hervé　埃尔韦·古安，木桐庄总经理
Grangerou, Marcellus　马塞鲁斯·格朗热卢，玛歌庄总经理
Guestier, Daniel　达尼埃尔·盖捷，波尔多酒商
Guillot, François　弗朗索瓦·吉尤，波尔多左岸名庄协会成员

H

Haraszthy, Agoston　阿格斯顿·哈拉斯蒂，匈牙利裔美国人，在美国积极推广葡萄种植
Hare, Michael　迈克尔·海尔，拉图庄园董事会成员
Haring, Keith　凯斯·哈林，美国街头绘画艺术家
Hubert, le comte　于贝尔伯爵，拉图庄园主博蒙家族成员

J

Jefford, Andrew　安德鲁·杰弗德，《醇鉴》杂志专栏作家
Johnson, Hugh　休·约翰逊，英国人，葡萄酒专家，多部葡萄酒专著的作者
Juppé, Alain　阿兰·朱佩，法国外交部长兼波尔多市长

K

Kohler, Éric　埃里克·科勒，拉菲庄酿酒工艺师

Kolasa, John　约翰·寇拉萨，拉图庄总经理

L

Lacombe, Jean-François de　让·弗朗索瓦·德·拉孔布，大革命时期波尔多革命委员会首领

Lamothe, Pierre　皮埃尔·拉莫特，拉图庄园主

Langlais, Henri　亨利·朗格莱，拉图庄园董事会成员

Langsdorff, le baron de　朗斯道夫男爵，洛尔·菲梅尔的第二任丈夫

La Pallu, le comte de　德·拉帕吕伯爵，拉图庄园主

Larrieu, Joseph Eugène　约瑟夫·欧仁·拉里厄，巴黎银行家，侯伯王庄园主

La Trémoille, le duc de　拉特雷莫勒公爵，弗雷德里克·皮耶-威尔的女婿，玛歌庄园主

La Valette, Anne Catherine de　安娜·卡特琳娜·德·拉瓦莱特，让-路易·德·诺加雷·拉瓦莱特的曾孙女

Lawton, Abraham　亚伯拉罕·劳顿，爱尔兰人，葡萄酒经纪人

Lawton, Daniel　达尼埃尔·劳顿，波尔多酒商协会成员

Lawton, Guillaume　纪尧姆·劳顿，亚伯拉罕·劳顿的儿子

Lawton, Jean-Edouard　让-爱德华·劳顿，达尼埃尔·劳顿的曾祖父

Le Comte, Louis-Arnaud　路易-阿尔诺·勒孔特，弗朗索瓦-奥古斯特·德·彭塔克的外甥

Lee, William　威廉·李，美国驻波尔多总领事

Leeghwater, Jan (né Jan Adriaanszoon)　扬·莱赫瓦特，本名扬·阿德里安松，荷兰人，水利工庄园程师

Lemaire, Barbe-Rosalie　芭布-罗沙丽·勒迈尔，拉菲庄园主

Léon, Patrick　帕特里克·莱昂，1980年代任木桐庄总经理

Le Sauvage, Raymond　雷蒙·勒索瓦热，波尔多酒商协会主席

Lestapis　莱塔皮，木桐庄总经理

Lestonnac, François Delphin d'Aulède de　弗朗索瓦·德尔芬·德·莱斯托纳克

Lestonnac, Jean-Denis d'Aulède de　让-德尼·德·莱斯托纳克

Lestonnac, Pierre de　皮埃尔·德·莱斯托纳克，玛歌庄园主

Locke, John　约翰·洛克

Loubet, Johana　乔安娜·卢贝，玛歌庄员工

Lur-Saluces, Bertrand de　贝尔特朗·德·吕萨吕斯

Lurton, Pierre　皮埃尔·吕东，伊甘庄和白马庄的管理人

Luze, Alfred de　阿尔弗雷德·德·吕兹，葡萄酒批发商

M

Marjary, Edouard　爱德华·马尔雅利，木桐庄总经理

Markham, Dewey　德维·马卡姆，历史学家，研究 1855 年列级体系的专家

Martin, Henri　亨利·马丁，圣朱利安的歌丽雅庄园主

Martin, Henry　亨利·马丁，波尔多酒商

Masclef, Jean-Philippe　让-菲利普·马斯克雷，侯伯王庄酿酒工艺师

McCoy, Elin　爱琳·麦考伊，美国记者

McWatters, Georges　乔治·麦维特斯，拉图庄园董事会成员

Mentzelopoulos, André　安德烈·门采尔普洛斯，科琳娜的父亲

Mentzelopoulos, Corinne　科琳娜·门采尔普洛斯，玛歌庄园主

Merman, Charles-Henri Georges　夏尔-亨利·乔治·梅尔曼，波尔多商贸经纪人协会成员

Meunier, Marie　玛丽·默尼耶，玛歌庄员工

Mitchell, Pierre　皮埃尔·米契尔，波尔多第一家制瓶厂老板

Monadey, Johana　乔安娜·莫纳岱，奥布里翁地区的葡萄园主

Monier, Anne Castelet de　安娜·卡斯特莱·德·莫尼耶，让-路易·德·诺加雷·拉瓦莱特的第二任妻子

Montbel, comte de　蒙贝尔伯爵，达尼埃尔·劳顿的合伙人

Montferrand, Bertrand II de　贝尔特朗二世，拉图庄园主

Montferrand, Bertrand III de　贝尔特朗三世，贝尔特朗二世的儿子

Montferrand, François de　弗朗索瓦·德·蒙费朗，玛歌庄园主，百年战争后被流放

Moreau, Pierre　皮埃尔·莫罗，葡萄酒经纪人

Mortier, Louis　路易·莫尔捷，拉菲庄总经理

Moutardier　穆塔迪耶，公证人

Mullet, Arnaud de　阿尔诺·德·米莱，波尔多法院预审部主任，拉图庄园主

Mullet, Denis de　德尼·米莱，拉图庄园主

N

Nebout, Louis　路易·内布，波尔多工商会副会长

Nicolas, Jean-Baptiste Guillaume　让-巴蒂斯特·纪尧姆·尼古拉，阿尔基古尔伯爵，杜巴利伯爵夫人的弟弟

Nicolas, Luc　吕克·尼古拉，侯伯王庄制作木桶工匠

Noailles, Philippe de, duc de Mouchy　菲利普·德·诺瓦耶，穆西公爵，琼安·狄伦的第二任丈夫

Nogaret de la Valette, Jean-louis de, duc d' Epernon　让-路易·德·诺加雷·拉瓦莱特，玛格丽特·德·富瓦-康达尔的丈夫

Nunes, Alain　阿兰·尼讷，玛歌庄制作木桶工匠

O

Orr, David　大卫·奥尔，莱昂斯联合公司总裁，购入拉图庄后又转手卖掉

P

Parker, Robert　罗伯特·帕克，著名评酒师，率先推出一套评分系统
Pegna, Nicholas　尼古拉斯·佩尼亚，贝瑞兄弟与洛德香港区总经理
Penn, Elaine　伊莱恩·佩恩，英国沃德斯登庄园的档案管理员助理
Pepys, Samuel　塞缪尔·皮普斯
Perromat, Pierre　皮埃尔·佩罗马，农业部负责酿酒业专员
Peynaud, Émile　埃米尔·佩诺，波尔多酿酒工艺学院教授
Philippe, le comte　菲利普伯爵，拉图庄园主博蒙家族成员
Pinault, François　弗朗索瓦·皮诺，PPR 集团首席执行官，拉图庄园主
Pichard, Nicolas Pierre de　尼古拉·皮埃尔·德·皮沙尔，拉菲庄园主
Pickering, William　威廉·皮克林，手艺人、商人，伯恩的女婿
Pijassou, René　勒内·皮亚苏，波尔多大学地理学教授
Pillet-Will, Frédéric　弗雷德里克·皮耶-威尔，银行家，玛歌庄园主
Poitevin　普瓦特万，大革命后期接替多芒热管理拉图庄园
Pollock, David　大卫·波洛克，拉图庄园董事会成员
Pons-Maxime　庞斯-马克西姆，洛尔·菲梅尔的堂弟
Pontac, Arnaud de　阿尔诺·德·彭塔克，让·德·彭塔克的父亲
Pontac, Arnaud II de　阿尔诺二世·德·彭塔克，让·德·彭塔克的四子
Pontac, Arnaud III de　阿尔诺三世·德·彭塔克，吉耶纳省议会首任议长，侯伯王庄园主
Pontac, François-Auguste de　弗朗索瓦-奥古斯特·德·彭塔克，阿尔诺三世的儿子，侯伯王庄园主
Pontac, Geoffroy de　若弗鲁瓦·德·彭塔克，让·彭塔克四子的侄子，波尔多议会议长
Pontac, Jean de　让·德·彭塔克，侯伯王庄园的创始人
Pontac, Thérèse de　泰蕾兹·德·彭塔克，弗朗索瓦-奥古斯特·德·彭塔克的妹妹
Pontac,Thérèse　泰蕾兹·彭塔克，弗朗索瓦-奥古斯特·德·彭塔克的侄女
Pontallier, Paul　保罗·蓬塔列，玛歌庄总经理
Pontallier, Thibault　蒂博·蓬塔列，保罗·蓬塔列的儿子，玛歌庄经理
Puginier, Alain　阿兰·皮吉尼耶，侯伯王庄资料及史料管理员

R

Robinson, Jancis　杰西丝·罗宾逊，英国记者，著名品酒师

Rothschild, Charlotte de　夏洛特 · 德 · 罗斯柴尔德，詹姆斯 · 梅耶女儿，纳撒尼尔的妻子
Rothschild, Elie de　埃利 · 德 · 罗斯柴尔德，拉菲庄园主
Rothschild, Éric de　埃里克 · 德 · 罗斯柴尔德，拉菲庄园主
Rothschild, Henri de　亨利 · 德 · 罗斯柴尔德，木桐庄园主，菲利普的父亲
Rothschild, James Mayer　詹姆斯 · 梅耶 · 罗斯柴尔德，纳撒尼尔 · 德 · 罗斯柴尔德的叔叔
Rothschild, James de　詹姆斯 · 德 · 罗斯柴尔德，纳撒尼尔 · 德 · 罗斯柴尔德的儿子
Rothschild, Mayer Amschel　梅耶 · 罗斯柴尔德，拉菲庄主人
Rothschild, Nathan de　内森 · 罗斯柴尔德，罗斯柴尔德家族英国支系开创者
Rothschild, Nathaniel de　纳撒尼尔 · 德 · 罗斯柴尔德男爵，内森 · 罗斯柴尔德的四子
Rothschild,　莱昂纳尔 · 罗斯柴尔德，内森 · 罗斯柴尔德的长子
Rothschild, Philippe de　菲利普 · 德 · 罗斯柴尔德，木桐庄园主
Rothschild, Philippine de　菲丽宾 · 德 · 罗斯柴尔德，菲利普男爵的女儿，木桐庄园主
Rothschild, Robert de　罗伯特 · 德 · 罗斯柴尔德，拉菲庄园主
Rumsam, Doug　道格 · 拉姆瑟姆，香港波尔多指数总裁

S

Saint-Amant, Charles Pierre de　夏尔 · 皮埃尔 · 德圣阿芒，波尔多葡萄酒商
Saint-Evremond　圣埃弗雷蒙
Salin, Christophe　克里斯托弗 · 萨林，拉菲庄总经理
Samazeuilh, Erik　埃里克 · 萨马泽伊，达尼埃尔 · 劳顿的外甥，塔斯特-劳顿公司总经理
Saubat, Joseph　约瑟夫 · 索巴，拉菲庄园主
Scott, Samuel　塞缪尔 · 斯科特，英国银行家
Ségur, Alexandre de　亚历山大 · 德 · 塞居尔，拉菲和木桐庄园主
Ségur-Cabanac　塞居尔-卡巴纳克，拉图庄园主
Ségur, Jacques de　雅克 · 德 · 塞居尔，波尔多政治家，多座庄园的主人
Ségur, Jean de　让 · 塞居尔，玛格丽特 · 德 · 富尔的儿子
Ségur, Marie-Thérèse de　玛丽-泰蕾兹 · 德 · 塞居尔，尼古拉-亚历山大的长女
Ségur, Nicolas-Alexandre de　尼古拉-亚历山大 · 德 · 塞居尔，亚历山大的儿子，拉菲和拉图庄园主
Ségur, Nicolas de　尼古拉 · 德 · 塞居尔，尼古拉-亚历山大的长外孙，拉菲庄园主
Ségur, Pothon de　波东 · 德 · 塞居尔，玛格丽特 · 德 · 富尔的丈夫
Selves, Charlotte　夏洛特 · 塞尔福，亚伯拉罕 · 劳顿的妻子
Serena Sutcliff　施慧娜，苏富比全球葡萄酒拍卖部负责人
Servat　塞尔瓦，波尔多市常驻巴黎的代表
Siclis, Charles　夏尔 · 西克利，法国建筑师，擅长剧场设计
Simon, Ab　艾伯 · 西蒙，全球最大高档葡萄酒商
Siré, Pierre　皮埃尔 · 西雷，波尔多著名律师

Spurrier, Steven　史蒂文·史普瑞尔，葡萄酒专家，著名品酒师
Suffolk, Margaret de　玛格瑞特·德·萨福克，康达尔女伯爵，让·德·富瓦的夫人
Suisse　叙斯，公证人，拉菲和拉图庄的管理人
Swift, Jonathan　乔纳森·斯威夫特

T

Talbot, John, comte de Shrewsbury　约翰·塔尔波特，舒兹伯利伯爵，英军攻打波尔多城的指挥官
Tourbier, Éric　埃里克·图尔比耶，木桐庄技术总监
Thuret, Isaac　伊萨克·蒂雷，巴黎银行家，木桐庄园主
Trégoat, Olivier　奥利维耶·特雷古阿，博士研究生

V

Valance, Aurélien　奥雷利安·瓦朗斯，玛歌庄销售总监
Van Leeuwen, Kees　范陆文教授，土壤学专家
Vanlerberghe, Aimé-Eugène　埃梅-欧仁·范莱伦贝格，伊尼亚斯-约瑟夫·范莱伦贝格的儿子
Vanlerberghe, Eugénie　欧仁妮·范莱伦贝格，拉菲及卡许阿德庄园主
Vanlerberghe, Ignace-Joseph　伊尼亚斯-约瑟夫·范莱伦贝格，芭布-罗沙丽·勒迈尔的丈夫

W

Walpole, Sir Robert　罗伯特·沃波尔爵士
Waugh, Henry　亨利·沃，拉图庄园董事会成员
Weller, Seymour　西摩·威勒，侯伯王庄总经理
Westerwelle, Guido　基多·威斯特威勒，德国外交部长
Wren, Christopher　克里斯托弗·列恩

Y

Yorke, Philip　菲利普·约克

译后记

根据法国波尔多葡萄酒协会最新的数据统计，2014 年中国已成为波尔多葡萄酒最大的出口国，总价值达 2.3 亿美元（不包括香港的数据）。英国、美国和中国香港是世界葡萄酒贸易的中心，如今中国大陆进口的波尔多葡萄酒在数量和价值上都已超过这三大葡萄酒贸易中心，不过中国还称不上是世界葡萄酒的贸易中心，只能说是最大的葡萄酒消费国。要想坐拥贸易中心的地位，还应在普及葡萄酒知识、宣传葡萄酒文化、传承葡萄酒历史等方面多下功夫。从这个层面上看，简·安森的这本书给我们带来许多惊喜，让我们有机会看到波尔多五大名庄的第一手资料，进而更好地了解五大名庄的历史以及 1855 年葡萄酒列级体制形成的过程。

如今人们一说起葡萄酒，首先想到的就是法国葡萄酒，其实在很久以前，希腊、意大利、西班牙的葡萄酒才是欧洲大陆最红火的饮品，而且在很长时间内一直称霸欧洲。真是风水轮流转，自从中世纪末期开始，大英帝国的臣民们开始关注波尔多葡萄酒，从而让法国葡萄酒由此走向兴旺之路，随着拿破仑横扫欧洲，他的外交大臣塔列朗更是让法国葡萄酒享尽无限风光，因为他本人喜欢葡萄酒，甚至一度成为五大名庄之一的侯伯王酒庄的主人。

法国的文人墨客更是对葡萄酒不吝赞美之词，让人在品尝美酒佳酿的同时，还能领略文豪对葡萄酒抒发的情怀。波德莱尔曾写下这样的文字："葡萄酒给人带来的快乐，有谁未曾享受过呢？无论是谁，只要他想平息心中的愧意，想回忆往事，想埋藏内心的痛苦，想沉湎于幻想之中，都会乞求于那个隐藏在葡萄枝叶里的神灵。在内心阳光的照耀下，葡萄酒的大场面真是气势恢宏，人从葡萄酒中汲取的第二青春的确是既真切又狂热！不过葡萄酒所带来的迅猛快感以及难以抵御的诱惑力又是多么可怕呀！”[1]卢梭、蒙田、孟德斯鸠等著名作家都写下鉴赏葡萄酒的文字，因此法国葡萄酒不但有历史渊源，还有浓厚的文化底蕴。

简·安森以浓重的笔墨描绘了波尔多葡萄采摘季节的盛况，每年一到葡萄采摘季节，各葡萄产地都像过节似的那样热闹，除了丰收带给人的喜悦之外，来自各地的葡萄采摘季工也让葡萄园处处荡漾着欢乐，并赋予葡萄采摘工作一股浓郁的文化色彩。女作家科莱特的文字让人仿佛亲临其境，去感受那种欢乐的气氛：“采摘葡萄时，到处都是欢声笑语，大家要在一天之内把熟透的葡萄和尚未成熟的葡萄都摘下来，送到榨汁机里。任何一种农作物的收获速度都远远赶不上采摘葡萄的速度。这种乐趣要比其他所有的乐趣都狂热。欢快的歌声、极度兴奋的叫喊声此起彼伏，接着便突然变得一点声音都没有了……”[2]

法式大餐是誉满全球的烹饪艺术，美食不仅是一种味蕾的享受，更是一种艺术的享受，在评价法式大餐时，美国文学批评家艾略特这样写道：“正是文化让人感受到生活的乐趣，而法餐正是法国诸多文化形式中的一种，法国人喜欢简单的东西，喜欢精心制作的东西。法餐之所以风靡全球，不单单仰仗它那奢华的大餐，而且靠的正是简单的、带有乡土气息的完美烹饪，无论是在家中，还是在乡村简朴的客栈里，人们都能品尝到这种完美的烹饪。”[3]这正是美食的精华所在，无论是奢华酒店，还是平常人家，精心料理每一种食材已成为法国人的习惯。如今葡萄酒已被划入美食的范畴，一场丰盛的宴席要是没有上等的葡萄酒相伴，再好的菜肴也难以让人铭记于心。法国人还是善于将政治色彩赋予美食佳酿的民族，简·安森描述了法国外长阿兰·朱佩接待德国外长的场面，他们席间所打开的葡萄酒都带有一定的政治含义。

虽说如何品鉴葡萄酒是一个见仁见智的问题，但1855年的葡萄酒列级以及罗伯特·帕克后来推出的评分制还是给收藏家及品酒师们带来许多便利。不过，普通葡萄酒爱好者

[1] 引自雷蒙·迪迈（Raymond Dumay）所著《葡萄酒指南》（*Guide du vin,* Stock，1967），斯托克出版社，1967年。

[2] 同上。

[3] 同上。

又该怎样去鉴赏葡萄酒呢？尤其是该从哪儿入手呢？依照行家的说法，葡萄酒也和美食一样讲究色、味、香，把握住这三个要素，先从最易辨别的口味入手，由浅入深，掌握到一定熟练程度之后，再去品鉴波尔多红葡萄酒。法国诗人保罗·克洛岱尔的建议颇有借鉴意义："一款极品红葡萄酒并不是人的作品，而是一种悠久、细腻传统的天成之作。它放在老酒瓶里已有逾千年的历史。红葡萄酒是味觉的导师，在培养我们用心领会的同时，不但解救我们的灵魂，而且还启迪我们的智慧。"[1] 因此，用心揣摩葡萄酒的特点比单凭舌尖去品尝更重要。

作为文化与美食的一个组成部分，葡萄酒已融入人们的日常生活，它不但是人们享受生活的标签，而且还是他们茶余饭后的永恒话题，73% 的法国人在聊天的时候喜欢谈论葡萄酒，这个比例远远超过喜欢谈论足球的人，尽管法国足球队曾有过骄人的战绩。几乎百分之百的法国人认为，正是葡萄园让他们的家乡变得更美丽。简·安森也以优美的笔触描绘了波尔多一级酒庄的美丽风景。

在法国人看来，波尔多葡萄酒"英国口味太浓"，自从 1152 年阿基坦的埃莉诺嫁给英王亨利二世之后，整个阿基坦地区就成了英国王室的"海外飞地"，这一历史性事件不但为英法百年战争埋下伏笔，而且让波尔多地区的葡萄酒产业变得格外兴隆。根据法国中世纪历史学家弗鲁瓦萨的说法，英国人是如此喜爱波尔多葡萄酒，他们甚至创建了一支"葡萄酒舰队"，1373 年，这支舰队的舰船数量高达 300 艘。1308 年，这支舰队单单为爱德华二世的王室就运送了 1000 桶波尔多红葡萄酒。波尔多葡萄酒外观细腻，口感强壮、饱满，对英国文化情有独钟的司汤达曾写道："要想品鉴波尔多的葡萄酒真不是一件容易的事情。但我喜欢这门技艺，因为它容不得半点虚伪。"[2]

有些葡萄酒爱好者看中波尔多一级酒庄的佳酿，并非出于消费目的，而是出于投资的目的。于是一大批葡萄酒爱好者，或者说投资者对一级庄的佳酿趋之若鹜，竞相去购买具有巨大升值潜力的葡萄酒，从而让拉菲酒庄的百年陈酿多次打破葡萄酒价格的世界

[1] 引自雷蒙·迪迈（Raymond Dumay）所著《葡萄酒指南》（*Guide du vin*, Stock，1967），斯托克出版社，1967 年。

[2] 同上。

纪录。有些人搞不明白一级庄的佳酿怎么会卖得这么贵，简·安森的解释颇有道理："单就价格而言，一级酒庄的佳酿几乎和商务旅行、豪华盛宴以及量身定做的西装相媲美，但有时人们会忘记这样的事实：一级酒庄能有今天的成就，是靠几百年锲而不舍的努力，靠不漏过任何细节的关注力才得以实现的，从而造就出一大批忠实的顾客，名酒佳酿绝对配得上这样的高价，整个过程虽然缓慢，但却是一步一个脚印地走过来的。"

我有一个朋友只闻拉菲葡萄酒的名声，却不知拉菲酒的价格，要人从巴黎给他带一瓶拉菲庄园，受人之托的这哥们是一个滴酒不沾的主儿，一看葡萄酒的价签，顿感天旋地转，最便宜的两千欧元，最贵的要一万多欧元。对于不差钱的土豪来说，这价钱不算什么，但绝大多数工薪族还是承受不起。正如简·安森所讲述的那样，面对持续上涨的高档葡萄酒价格，在法国即便是挣钱最多的自由职业者，也只能忍痛割爱。

那么波尔多顶级酒庄的佳酿为什么能卖这么高的价钱呢？简·安森从四个方面作出解答。

第一，五大名庄都有悠久的历史，而且起点非常高，就在波尔多其他酒庄满足于酿造低端葡萄酒时，他们却勇于创新，瞄准海外市场，推出迎合上流社会消费口味的精品葡萄酒。

第二，他们有着优越的风土条件，其地理位置、土壤结构、气候条件得天独厚。

第三，他们有热爱自己庄园的主人，有一大批忠于职守的技术骨干，在这批骨干的带动下，他们钻研葡萄种植新技术，推广有机种植新概念，不但耕作改用牲畜，就连肥料也取之自然，还于自然。他们所采取的葡萄采摘手法以及克隆技术都令人叹为观止。

第四，他们注重对酿酒工艺不断创新，为分析风土条件对葡萄品质所产生的作用，推出微酿技术，以找到最佳的酿酒方法。他们还是最早推行在酒庄内装瓶的庄园，以确保每一瓶葡萄酒都是高品质的。

综上所述，所有这一切都需要极大的投入，通过此书我们了解到，即使作为商业运作形式之一的期酒交易会也要花费不菲的代价，但一级酒庄还是一如既往地认真组织好每一次品酒活动。在谈到创作此书的动机时，简·安森说道："我纯粹觉得品酒是门很重要的学问，所以希望撰写这本书来使葡萄酒文学更丰富。书里谈到的五个酒庄都是世界闻名的，但至今却没有人试着从地理环境、经济、政治或历史的角度去探讨它们成功背后的故事。每一个酒庄都有书籍记载它们的来龙去脉，但还未有人尝试分析五家酒庄之间的关联，比如它们的壮大如何影响全球的葡萄酒市场。近几年，随着葡萄酒价格的飙升，我才惊觉很多新旧市场都忘了在价格背后，（一级酒庄）其实经历了 500 年的血泪史才能拥有今天的地位。”[1]

波尔多五家一级酒庄真是说不尽的话题，除了厚重的历史底蕴之外，自然条件的变化，科学技术的进步，国内及海外市场的变迁，年份之间的细腻差别，如此繁多的信息每天都会赋予酒庄新的内容。简 · 安森花费两年的时间，走访了各一级酒庄，查阅历史资料，先后采访了庄园主人、酒庄经理、经纪人等，才推出这本讲述一级酒庄传奇故事的书。本书中文版是根据索菲 · 布里索翻译的法文版翻译的，法文版的标题与英文版原标题略有不同。

袁俊生

2015 年 4 月 19 日于苏州

[1] 引自香港陈惠仁先生对简 · 安森的专访，*QI Post*，2012 年 12 月 28 日。

图片版权

图书在版编目（CIP）数据

佳酿：波尔多五大酒庄传奇 /（英）简 · 安森著；（法）伊莎贝尔 · 罗森鲍姆摄影；袁俊生译. -- 北京：中信出版社，2017.10

ISBN 978-7-5086-7132-1

I. ①佳… II. ①简… ②伊… ③袁… Ⅲ. ①葡萄酒－酒文化－法国 Ⅳ. ①TS971.22

中国版本图书馆 CIP 数据核字 (2016) 第 305938 号

佳酿：波尔多五大酒庄传奇

著　　者：[英]简 · 安森
摄　　影：[法]伊莎贝尔 · 罗森鲍姆
译　　者：袁俊生
出版发行：中信出版集团股份有限公司
（北京市朝阳区惠新东街甲 4 号富盛大厦 2 座　邮编　100029）
承 印 者：北京汇瑞嘉合文化发展有限公司

开　　本：787mm×1092mm　1/16　　印　　张：22　　字　　数：185 千字
版　　次：2017 年 10 月第 1 版　　印　　次：2017 年 10 月第 1 次印刷
版贸核渝字（2014）第 257 号　　广告经营许可证：京朝工商广字第 8087 号
书　　号：ISBN 978-7-5086-7132-1
定　　价：298.00 元

图书策划：楚尘文化

服务热线：400-600-8099
投稿邮箱：author@citicpub.com